ヘンテコ関数雑記帳

解析学へ
誘う
隠れた名優たち

佐々木 浩宣 著

共立出版

はじめに

　高校や大学の教養課程で微分積分を学んだ人は，連続性・微分可能性・積分可能性などの概念を知っている…はずだが，実のところそれほど意識はしていないだろう．なぜなら教養の教科書に登場する関数たちは，何回でも微分でき，積分も可能なものばかりであるからだ．もう少し専門的にいえば初等関数と特殊関数のごく一部ぐらいしか登場しない．もちろん，それ自体は悪いことではなく，具体的な計算を行う技量を身につける，という教養数学の主目的をクリアするためには必然である．とはいえ副作用として「関数というのは，教科書に載っているようなお行儀の良いものばかり」と思ってしまう．

　事実は否である．すなわち，教養の教科書に載らないような「ヘンテコな関数」の方がずっとずっとたくさん生息しているのだ．さらにいえば，ヘンテコ集団の中には，我々の脳内をスパークする刺激的な関数が多数蠢いている．それだけではない．一部のヘンテコたちは大変立派なことに，数学史のターニングポイントを演じたり，様々な専門分野への橋渡しも担っている．それでは頑張って解析学の専門課程まで進めば，彼ら面白きヘンテコ関数たちに出会えるのか？　残念ながら概ね否．現代解析学では，一部を除き，スポットライトを浴びる機会は僅かである．なんとも，あまりにも勿体ない話ではないか！

　本書は「ヘンテコで刺激的な関数」を寄せ集めたカタログである．求める予備知識としては，高校の「数学III」で現れる記号たち

$$[a, b], \quad \lim_{n \to \infty} a_n, \quad \sum_{n=1}^{\infty} a_n, \quad \lim_{x \to a} f(x), \quad \frac{d}{dx}f(x), \quad \int_a^b f(x)dx$$

の意味が大体わかっていれば十分である．実際は解析学の専門知識を必要とす

るが，適時補足説明を行うので心配ない．もし貴方が数学の専門家でなければ，これらの関数たちを念入りに覚えておく必要も無い．むしろ普段は考えない方が良いのかもしれない．しかし，このカタログを開いたときぐらいは，奇妙な関数たちが織り成す信じがたい現象を体感していただきたい．そして願わくば，本書を切っ掛けに様々な良書にたどり着き，現代解析学に触れていただきたい！

さて，それではどのようなヘンテコ関数が登場するのか紹介していこう．第I部は初級編である：

♣ こけら落としとして主演を演ずるのは高木関数である．これは，どこをどれだけ拡大してもずっとガタガタしている連続曲線である．もう少し恰好良くいえば「すべての点で連続だが微分不可能な関数」となる．微分可能性など気にすることなく微分しまくっている多くの皆さんに，果てしなくガタガタしている奇妙さを楽しんでいただきたい．

♣ 続いては，見かけは大人しいが実は複雑怪奇なカントール関数が登場する．「定義域と同じ長さ」だけずっと定数関数であるのに，「長さ0」の部分でいつの間にやら連続的に増大しているのだ．考えれば考えるほどわからなくなるこの関数は，悪魔の階段という別名をもつ．

♣ 単調に増加する関数のうち，「有理数点上で不連続となる」など非常にヘンテコに見えるものが多数あるのだが，実際はそれほど変な性質ではないので，直観からずれるということでヘンテコである．

♣ フーリエ級数のペアをコンピュータにランダムに入力しxy平面に描かせてみると，ふざけているのか？と突っ込みたくなるようなキモチワルイ曲線が登場することがある．虫が苦手な方は，ちょっと覚悟して眺めていただきたい．

♣ C^∞級関数といえば，何回でも微分できる大変滑らかな関数である．しかし，滑らかさという概念をとことん追及すると，C^∞級の中にも滑らかさの差が生じていることが見て取れる．ここでは，C^∞級なのだが，ぼんやりとした違和感のある関数を考える．

♣ C^∞級関数$f(x)$のうち，台が有界である（変数xが原点から遠く離れた

ときは $f(x) = 0$ となっている）ものを考える．様々な場面で重要な役割を演ずるスーパー優等生なのだが，前章の観点から見るとやっぱりヘンテコなのだ．

♣ 同じ関数を何度も合成したものは，基本的な計算すら難しくなる．ところが，三角関数 $\sin x$ の場合はオイラーの公式により比較的簡単に処理できる．特に，$\sin(\sin x)$ というふざけた関数は，かなりの精度で $\frac{7}{8}\sin x + \frac{1}{24}\sin 3x$ と近似されることがわかる．

♣ 3 次元空間 $\mathbb{R}^3$ に配置された点列 $\{(\tan n, \tan\sqrt{2}n, \tan\sqrt{3}n)\}_{n=1}^{\infty}$ は $\mathbb{R}^3$ を隙間なく埋め尽くす．これは数値シミュレーションをしても全然実感がわかないけれども事実だ．証明の鍵となるのは無理数 $\sqrt{2}$ と $\sqrt{3}$ である．

　　第 II 部は主に中級編となる：

♣ ランベルトの W 関数は，高校や大学教養のテキストには決して現れないけれども，これを用いれば超越方程式 $(2x^2 + x - 3)e^{2x} = e^{-4x^2}$ を"解く"ことができるのだ．さらに，或る条件をクリアした複素数 z による $z^{z^{z^{\cdot^{\cdot^{\cdot}}}}}$ を求めることもできてしまう．知らずにいるのは勿体ない！

♣ ガンマ関数 $\Gamma(x)$ は，他の登場人物と異なり，大学 1 年生で習うこともある比較的有名な関数だ．実は不思議なことに，$\Gamma(x)$ は π や e と深い関係がある．多くの学生さんが直ちに忘却するこの関数，いま一度触れてみてはいかがだろうか？

♣ 次は，魅力的な巨大数を紹介する．必要上，↑ やら → やらを使った表記を導入するのだが，これがヘンテコ関数を生み出す．例えば，自然数 n を変数とする関数 $n \uparrow\uparrow\uparrow n$ は，想像を絶する急増大を引き起こす．いや，これはまだ序の口であり，$n \to n \to n \to n$ に至っては気を失いかねない．

♣ 関数はどこまでお行儀良くなれるのかを考える．例えば，$e^{-|x|}$ 程度の減衰スピードをもちながら，どの点でもテイラー展開できる関数は…作れる！しかし，台が有界でありどの点でもテイラー展開できる関数は…作れない！実現可能なお行儀最高レベルを発見しよう．

♣ 13 章は上級編といえる．ハメルの関数は，もはやイメージを描くことすら

不可能な関数であり，よどみの無い論理展開が必須となる．とはいえ本書は飽くまでカタログであるので，お客様がウンザリされない程度に進めていく．

　さて第 I・II 部では，専門的なこと・小難しいことは "後方" に追いやってしまった．その結果，ちょくちょく「第 III 部の〜節を見よ」「14 章の〜を参照されたし」等のコメントが散見される．皆さんはその都度 "〜" を急いで確認する必要は無い．飽くまで，数学的にしっかり理解するための補完だと思って欲しい．

　第 III 部では，"後方" に追いやった物（具体的には，実数の性質・連続関数・複素関数・ルベーグ積分・フーリエ解析の一部分）について厳密な解説をする．続いて，文献紹介を行い，本書は終幕となる．

　ところで，多くの章に Coffee Break と章末問題を設けた．Coffee Break といえば，本文より力の抜けた軽めの内容を載せて然るべきだが，結果的に真逆となった．ちょっと難しめだが是非いっておきたい内容を押し込めたせいである．つい熱くなってマニアックに書きすぎた章もある．いずれにしても，何か飲みながらでも楽しんで欲しい．章末問題には，解く際に或る程度専門知識を必要とするものもある．やる気があれば第 III 部も参考にしつつチャレンジして欲しい．

　最後に，本書の執筆を勧め，絶え間なくサポートしてくださった共立出版の髙橋萌子さんに，心よりお礼を申し上げる．そしてコロナ禍の中，謎めいた文章を書き続ける夫を応援し続けた妻と，大いなる癒しと若干の筋肉痛を与えてくれる娘たちに感謝の意を表したい．

2021 年 5 月

佐々木浩宣

目　次

x ◆ 目 次

第 I 部

変な関数　初級編

1章

高木の関数

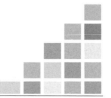

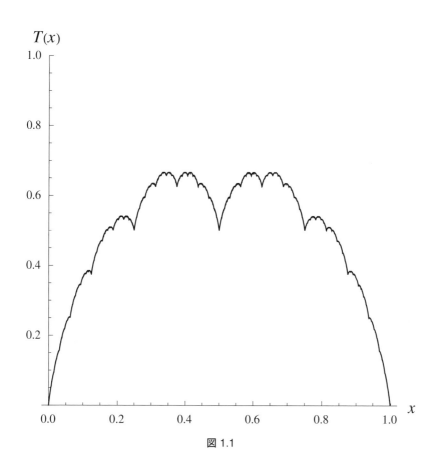

図 1.1

1.1 プロフィール

1 変数関数 $y = f(x)$ を考えよう．$f(x)$ が点 $x = a$ で微分可能であれば，必ず $x = a$ で連続となることはよく知られている．一方，連続だからといって微分可能になるとは限らない．そのような関数を具体的に挙げよ，と要求されても怯むことは無いだろう．例えば，

$$f(x) = |x|$$

としたとき，これは連続関数，すなわちすべての点で連続である関数だが，点 $x = 0$ で微分可能ではない．要求をもう少しわがままにしてみよう．無限個の点 $x = 1, \frac{1}{2}, \frac{1}{3}, \dots$ で連続だが微分不可能である関数を作ろう．無限個という言葉を聞くと難しい印象を受けるかもしれないが，実際は

$$f(x) = \left| \sin \frac{\pi}{x} \right|$$

という簡単な答えが挙げられる．

それでは，**すべての実数点**で連続であるが微分不可能となる関数は存在するのだろうか？　これは本当に難しい問いであった．恐らく，1872 年までは存在を否定している数学者の方が多数であっただろう．そのような関数のグラフを想像することは著しく困難であったためである．しかし，グラフという曖昧なアプローチを完全に捨て，純粋なる論理に基づき具体的に関数を構成したのがワイエルシュトラス (Karl Weierstrass, 1815–1897) である．彼の 1872 年の作品（「ワイエルシュトラスの病理学的関数」と呼ばれる）は，現代解析学が向かうべき道を照らしたという意味で極めて重要なものであり，ヘンテコな形状をしていることもあって，ここで詳しく語りたいところである．しかしながら，如何せん微分不可能性の証明が複雑であり，多くの人がここで本を閉じてしまう気がしてならないので，後ほどさりげなく解説する．

さてこの章の主題として，「証明の複雑さ」を回避できる関数を紹介したい．1903 年（明治 36 年），高木貞治 (1875–1960) により構成された**高木関数**である．その関数 $y = T(x)$ のグラフは図 1.1 のとおりであるが，しげしげと眺めてみると如何にもヘンテコであり，多くの点でギザギザ，すなわち微分不可能

であるような様相を呈している．ただし，すべての点でギザギザであるかどうかは，このグラフからだけでは判定できない．そこで，グラフの一部を拡大してみよう．図 1.2 は，約 $10^{10^{100}}$ 倍に拡大したものである：

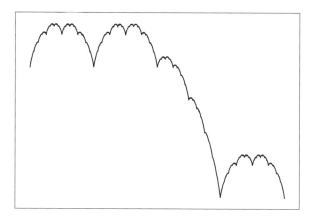

図 1.2

いかがであろうか？　一向に滑らかにならずギザギザなままである．それどころか，元の高木関数とそっくりではないか！　どこを拡大してもこのような様相であれば，やはり全点で微分不可能となりそうだが，それを実際に数学的に証明するにはどうすればよいのだろうか．

　本章では「微分可能性」の定義を振り返り，高木関数が実際に至る所微分不可能である連続関数となっていることを証明する．

1.2　高木関数の定義

　高木関数を構成するため，最初にギザギザな周期関数 $t(x)$ を次のとおり定める（x は実数の変数とする）：

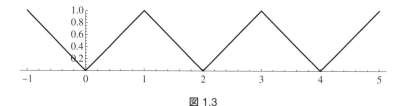

図 1.3

すなわち,

- $t(0) = 0$ を満たし,
- x が整数であるとき直角に折れ曲がり,
- そこ以外では傾き 1 か -1 の線分であり,
- 値域が $[0, 1]$ となる

連続関数である. $t(x)$ を数式でしっかり定義するならば,

$$t(x) = 2 \left| \frac{x-1}{2} - \left\lfloor \frac{x-1}{2} \right\rfloor - \frac{1}{2} \right|$$

となる. ただし $\lfloor x \rfloor$ は x を超えない最大の整数であり, 例えば $\lfloor -1.5 \rfloor = -2$, $\lfloor 2 \rfloor = 2$, $\lfloor 3.5 \rfloor = 3$ となる.

次に, 自然数 $n = 1, 2, \dots$ に対して関数 $t_n(x)$ を,

$$t_n(x) = \frac{t(2^n x)}{2^n}$$

と定義する. 言い換えれば「$y = t(x)$ のグラフを, 原点を固定しつつ 2^n 倍縮小したもの」となる. すなわち,

- $t(0) = 0$ を満たし,
- x が $\dfrac{\text{整数}}{2^n}$ であるとき直角に折れ曲がり,
- そこ以外では傾き 1 か -1 の線分であり,
- 値域が $[0, 2^{-n}]$ となる

連続関数である. ここで $y = t_3(x)$ のグラフを描いておこう:

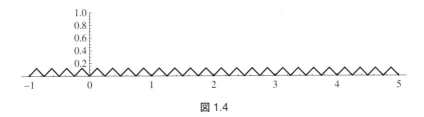

図 1.4

何やら小さくなってしまったが, $2^3 = 8$ 倍すれば元の $t(x)$ に戻ることに注意

しよう.

さて,今回の主役である高木関数 $T(x)$ は,上で定めたギザギザ関数 $t(x)$ の縮小コピーたち $t_1(x), t_2(x), \ldots$ の足し算で与えられる:

$$T(x) = \sum_{n=1}^{\infty} t_n(x).$$

ここで,手前から順に $\sum_{n=1}^{1} t_n(x), \sum_{n=1}^{2} t_n(x), \ldots, \sum_{n=1}^{5} t_n(x)$ のグラフを並べてみると…

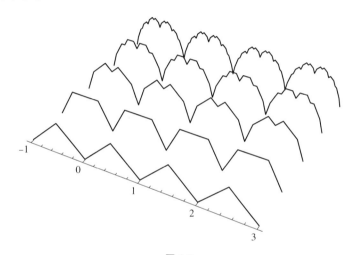

図 1.5

本章の冒頭にあったグラフに近づいているようだ.となると,

各 x について,無限級数 $\displaystyle\sum_{n=1}^{\infty} t_n(x)$ は有限値をもつ

は実際に正しいように思われる.もちろん本来は数学的にきちんと証明しなければならないが,詳細は 14 章の定理 14.6 をご覧いただきたい.とにかく,この無限和は問題なく使える,と考えていただいて差し支えない.

また,すぐ上のグラフからも定義からも明白であるが,$y = T(x)$ は周期 1 をもつ周期関数である.すなわち,

$$T(x+1) = T(x) \quad (-\infty < x < \infty)$$

となる．したがって，$0 \leq x \leq 1$ 上の $T(x)$ のグラフ（冒頭のグラフそのものであるが，以下で「山」と呼ぶことにしよう）が等間隔に果てしなく並んでいることがわかる：

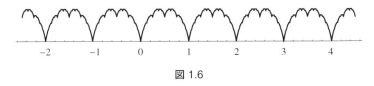

図 1.6

1.3 高木関数で遊ぶ

ここでは深いことは考えずに，$T(x)$ を用いて様々なヘンテコ曲線を描いてみよう．

その1

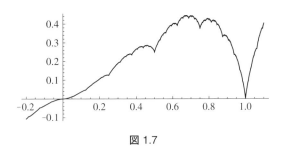

図 1.7

連続関数 $y = xT(x)$ は，$x = 0$ で**のみ**微分可能である．

その2

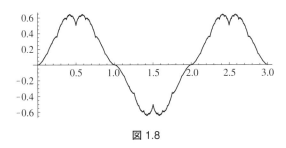

図 1.8

連続関数 $y = \sin(\pi x)T(x)$ は，$x = $ 整数 で**のみ**微分可能である．

その3

図 1.9

極座標を用いて遊ぶ.

1.4 微分不可能性とは何か？

ここから先は少々深いことを考えていく．高木関数が微分不可能であること
を証明するために，いま一度微分可能性の定義を思い出しておこう：

> **定義 1.1.** 関数 $y = f(x)$ が点 $x = a$ で**微分可能**であるとは，極限値
>
> $$\lim_{x \to a} \frac{f(x) - f(a)}{x - a}$$
>
> が存在するときをいう．

ところで，厳密に微分可能性等を考察するときは，記号 $\lim_{x \to a}$ 自体の定義
もしっかり理解しておく必要がある．よく見かける

x を a へ近づけると $g(x)$ が α に近づくとき，$\displaystyle\lim_{x \to a} g(x) = \alpha$ と書く

が定義ではないのか，と思う人も多いだろう．しかし，それでは曖昧さが残る
ゆえ，精密な議論を要求する現代数学では不適切なのだ．そこで実際は「ε-δ 論
法」なるものによって厳密に定義される．残念ながら ε-δ 論法は，なんともわ
かりにくい・教育的でない手法であり，話の流れを止めてしまう恐れがあるの
で，第 III 部 14.2 節へ解説を丸投げしてしまおう．さて，その ε-δ 論法から，
微分不可能性に関する命題（後ほど大活躍する）を得る：

> **命題 1.2.** 関数 $y = f(x)$ と点 $x = a$ について，数列 $\{a_n\}_{n=1}^{\infty}$ と $\{b_n\}_{n=1}^{\infty}$
> は，次の3つを満たすものと仮定する：
>
> (1) すべての n で $a_n \neq a$ かつ $b_n \neq a$．
> (2) $n \to \infty$ のとき，$\{a_n\}_{n=1}^{\infty}$ と $\{b_n\}_{n=1}^{\infty}$ は a に収束する．
> (3) 或る正数 c が
>
> $$\left| \frac{f(a_n) - f(a)}{a_n - a} - \frac{f(b_n) - f(a)}{b_n - a} \right| \geq c \quad (n = 1, 2, \ldots)$$
>
> を満たす．
>
> このとき，$y = f(x)$ は $x = a$ で微分不可能である．

証明は系 14.9 を参照されたい．どれだけ a に近い点 a_n, b_n をもってきても，それぞれの平均変化率の差 $\frac{f(a_n)-f(a)}{a_n-a} - \frac{f(b_n)-f(a)}{b_n-a}$ が縮まらないとき微分不可能である，とこの命題は訴えている．どれだけグラフを拡大しても，ずっとガタガタしていてるともいえようか．

練習問題として，関数

$$f(x) = |x - a|$$

が点 $x = a$ で微分可能でないことを上の命題を用いて示しておこう．自然数 n に対して

$$a_n = \frac{1}{n} + a, \quad b_n = -\frac{1}{n} + a$$

を定める．このとき数列 $\{a_n\}_{n=1}^{\infty}$ と $\{b_n\}_{n=1}^{\infty}$ は，命題 1.2 の (1) と (2) を満たす．さらに，

$$\left| \frac{f(a_n) - f(a)}{a_n - a} - \frac{f(b_n) - f(a)}{b_n - a} \right| = \left| \frac{\frac{1}{n} - 0}{\frac{1}{n}} - \frac{\frac{1}{n} - 0}{-\frac{1}{n}} \right| = 2 \quad (n = 1, 2, \dots)$$

となるので，(3) もいえたことになる．したがって，$x = a$ で微分不可能である．

それでは，高木関数 $T(x)$ が至る所微分不可能な連続関数であることを見ていこう．

1.5 $T(x)$ の解析

本節では，a を任意に選んだ実数点とする．このとき，$x = a$ で $T(x)$ が連続である一方で微分不可能となることを示せばよい．

▶ **注 1.1** 「任意に (arbitrarily)」とは，好き勝手に・自由に，という意味．本書に限らず数学ではよく使われる表現である．

1.5.1 連続性

連続関数に関する幾つかの定理を知っていれば，$T(x)$ の連続性は直ちに得られる（章末問題 問 1.2）．ここでは，そのような予備知識が無くてもわかるような証明を与えよう．

$$* \qquad * \qquad *$$

まず，ギザギザ周期関数 $t(x)$ は値域が $[0,1]$ であり，不等式

$$|t(x_1) - t(x_2)| \leq |x_1 - x_2| \quad (x_1, x_2 \text{ は任意の実数}) \tag{1.1}$$

を満たす（証明は章末問題とする）ので，すべての自然数 n に対して

$$|t_n(x)|, \ |t_n(a)| \leq \frac{1}{2^n}$$

と

$$|t_n(x) - t_n(a)| = \left| \frac{t(2^n x) - t(2^n a)}{2^n} \right| \leq \frac{|2^n x - 2^n a|}{2^n} = |x - a|$$

が成り立つ．したがって，すべての自然数 N について

$$|T(x) - T(a)| \leq \left| \sum_{n=1}^{N} t_n(x) - \sum_{n=1}^{N} t_n(a) + \sum_{n=N+1}^{\infty} t_n(x) - \sum_{n=N+1}^{\infty} t_n(a) \right|$$

$$\leq \sum_{n=1}^{N} |t_n(x) - t_n(a)| + \sum_{n=N+1}^{\infty} |t_n(x)| + \sum_{n=N+1}^{\infty} |t_n(a)|$$

$$\leq \sum_{n=1}^{N} |x - a| + 2 \sum_{n=N+1}^{\infty} \frac{1}{2^n} \leq N|x - a| + \frac{1}{2^{N-1}}$$

すなわち $|T(x) - T(a)| \leq N|x - a| + 2^{1-N}$ を得る．

ここから先は少々技巧的になる．変数 x を $x \neq a$ を満たすように固定し，自然数 N を具体的に

$$N = \left\lfloor \frac{1}{\sqrt{|x - a|}} \right\rfloor + 1$$

と定める．この N が $|x - a|^{-1/2} \leq N \leq |x - a|^{-1/2} + 1$ を満たすことに注意

すると,

$$|T(x) - T(a)| \leq N|x - a| + 2^{1-N} \leq |x - a|^{1/2} + |x - a| + 2^{1-|x-a|^{-1/2}}$$

が成立する. そこでいま, $x \to a$ とすると,

$$|x - a|^{1/2} + |x - a| + 2^{1-|x-a|^{-1/2}} \to 0$$

となるので, $T(x) \to T(a)$ がいえたことになり, $T(x)$ は $x = a$ で連続であることがわかった.

＊　　　＊　　　＊

いかがだろうか？　後半部分は煩雑かつ天下り的な証明であり, 一言でいえば美しくない. 実は, もし ε-δ 論法を習得しさえすれば, その煩雑さ等が消え, よりスマートな証明となる.

1.5.2 微分不可能性

命題 1.2 を用いて目標を達成しよう. そのためにまず, $T(x)$ を「殆どの場所で微分できそうな関数」と「どこも微分できそうにない関数」に分解する:

補題 1.3. すべての実数 x と自然数 N について以下が成り立つ:

$$T(x) = \sum_{n=1}^{N} t_n(x) + \frac{T(2^N x)}{2^N}.$$

補題の等式自体は $T(x)$ の定義から直ぐに示される. 一方, 図形的意味は次のとおりである:

高木関数 T は, T の「第 N ステップの近似」と, T を 2^N 倍に縮小コピーした関数との足し算である.

図 1.10 は, $N = 2$ かつ $0 \leq x \leq 1$ のときの足し算を指している:

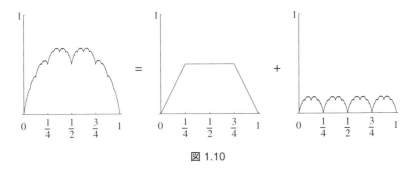

図 1.10

一つの山（$0 \leq x \leq 1$ における $T(x)$ のグラフのこと）は，第 2 ステップの近似（台形）と 2^2 倍に縮小された 2^2 個の山との和であることがわかる.

ところで，閉区間 $[0,1]$ を 2^2 等分したものの一つである小区間 $[0, 2^{-2}]$ 上では，第 2 ステップの近似は 1 次関数 $y = 2x$ と一致し，縮小された山は丁度一つだけ収まっている. 他の 3 つの小区間でも同様に，$T(x)$ は何らかの 1 次関数と 2^2 倍に縮小された山一つとの和であることがわかる. この性質は一般の N でも成り立つ:

補題 1.4. 任意の自然数 N と整数 k について，或る整数 L, M が次を満たすように存在する:

$$T(x) = Lx + M + \frac{T(2^N x)}{2^N} \quad \left(k2^{-N} \leq x \leq (k+1)2^{-N} \right).$$

すなわち，幅が 2^{-N} である小区間 $\left[k2^{-N}, (k+1)2^{-N} \right]$ 上では，$T(x)$ は何らかの 1 次関数と 2^N 倍に縮小された山一つとの和であることがわかる. ゆえに，

　　$T(x)$ をどれだけ拡大しても，（1 次関数を巧く除去すれば）同じ形の山が現れてしまい，一向に滑らかになる気配が無い

ことが読み取れる. 以上を踏まえて，$T(x)$ が $x = a$ で微分不可能であることを証明しよう.

　　　　　　　　＊　　　　＊　　　　＊

自然数 N を任意に選び固定する. このとき，$a = (k+r)2^{-N}$ となる整数 k

と実数 $0 \leq r < 1$ が存在する．さらに実数 $0 \leq p, q \leq 1$ を $p \neq r$ かつ $q \neq r$ となるように任意に選び，$p_N = (k+p)2^{-N}$，$q_N = (k+q)2^{-N}$ とおく．補題 1.4 から，或る L, M によって

$$
\begin{aligned}
\frac{T(p_N) - T(a)}{p_N - a} &= \frac{L p_N + M + T(2^N p_N)2^{-N} - La - M - T(2^N a)2^{-N}}{p_N - a} \\
&= L + \frac{T(k+p)2^{-N} - T(k+r)2^{-N}}{(k+p)2^{-N} - (k+r)2^{-N}} = L + \frac{T(p) - T(r)}{p - r}
\end{aligned}
$$

となる．ただし，最後で「$T(x)$ が周期 1 の周期関数であること」を用いた．全く同様にして

$$
\frac{T(q_N) - T(a)}{q_N - a} = L + \frac{T(q) - T(r)}{q - r}
$$

を得るので，

$$
\frac{T(p_N) - T(a)}{p_N - a} - \frac{T(q_N) - T(a)}{q_N - a} = \frac{T(p) - T(r)}{p - r} - \frac{T(q) - T(r)}{q - r} \tag{1.2}
$$

が成り立つ．正に，どれだけ拡大してもギザギザ具合が変わらない，ということを暗示している．

　証明の完成まであと一歩である．ここで p, q を，

$$
\left| \frac{T(p) - T(r)}{p - r} - \frac{T(q) - T(r)}{q - r} \right| \geq 1 \tag{1.3}
$$

が成立するように選ぶ．

▶ **注 1.2**　　いろいろなとり方がありうるが，ここでは

- $r = 0$ のとき，$p = \frac{1}{2}$ かつ $q = 1$，
- $0 < r < 1$ のとき，$p = 0$ かつ $q = 1$

を紹介する．本当に (1.3) を満たすことはグラフを見れば容易にわかる．

このとき，p_N, q_N の定義と (1.2) から

- すべての N で $p_N \neq a$ かつ $q_N \neq a$ であり，
- $N \to \infty$ のとき，$\{p_N\}_{N=1}^{\infty}$ と $\{q_N\}_{N=1}^{\infty}$ は a に収束し，

- 不等式

$$\left| \frac{T(p_N) - T(a)}{p_N - a} - \frac{T(q_N) - T(a)}{q_N - a} \right| \geq 1 \quad (N = 1, 2, \ldots)$$

が成り立つ

ことが導かれる．これは命題 1.2 における仮定そのものであり，$x = a$ において $T(x)$ は微分不可能であることがわかる．

$$* \qquad * \qquad *$$

周到な準備をしたおかげで，証明自体は比較的あっさりである．冒頭で述べたとおり，ワイエルシュトラスの病理学的関数のときと比べれば，「証明の複雑さ」は無いといえる．しかし，準備の一つである命題 1.2 は，ε-δ 論法を用いていることに注意しよう．

──────────────────── Coffee Break ────────────────────

高木関数の微分不可能性はどこからやってくるのだろうか？　ギザギザ関数 $t(x)$ のそれが主原因と思えなくもない．実際，第 N 近似 $\sum_{n=1}^{N} t_n(x)$ では，微分不可能になる点 x は幅 2^{-N} で等間隔に並んでいるため，$N \to \infty$ とすることで $T(x)$ は任意の点で微分不可能と思えてしまう．しかし，この推論は厳密性に欠けるものである．そこで $t(x)$ の代わりに，何らかの滑らかな関数を用いて検証してみよう．具体的には，

$$s(x) = \sin^2 \left(\frac{\pi x}{2} \right)$$

としたうえで，

$$S(x) = \sum_{n=1}^{\infty} \frac{s(2^n x)}{2^n}$$

の微分可能性を探ってみよう．まずグラフを見てみると，

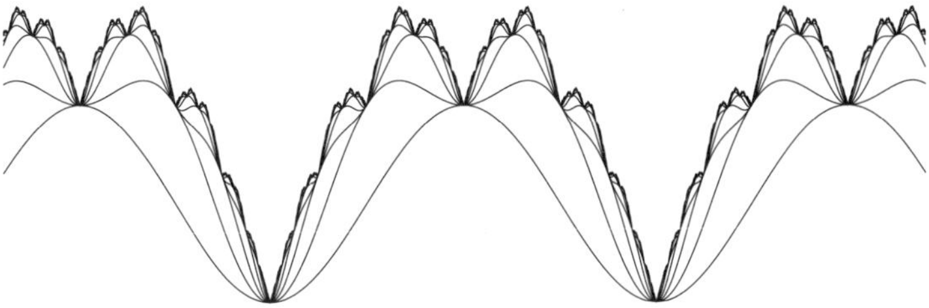

図 1.11

となっている（近似関数も描いておいた）が，なんともわかりにくい．では次に頭を使ってみる．すべての N に対して第 N 近似は C^∞ 級関数であるがゆえ，$S(x)$ 自身も微分可能であると判断してしまいそうだが，これも厳密性に欠ける推論である．では真実はどうなのであろうか？　結論を急ぐと，$S(x)$ もまた至る所微分不可能な連続関数となる！　したがって高木関数の微分不可能性は，$t(x)$ のギザギザそのものから来ているとはいえない．面白いことに前節の証明を思い出していただくと，「$t(x)$ が整数点を除くと線分であること」を利用している．むしろ $t(x)$ の"究極の滑らかさ"がポイントになっている．ゆえに補題 1.3 と合わせると次のような結論を得る：

> $T(x)$ の微分不可能性は，どんなに拡大してもミクロな高木関数が発生してしまうことが本質的な原因である．

話は打って変わるが，冒頭でお約束したとおり，「ワイエルシュトラスの病理学的関数」について解説する．数学界を震撼させたその関数は

$$W_{a,b}(x) = \sum_{n=0}^{\infty} a^n \cos(b^n \pi x)$$

という形をもつ．ここで現れた a, b は，何らかの条件を満たす正の定数である．ワイエルシュトラス自身は

$$0 < a < 1, \quad b \text{ は奇数}, \quad ab > 1 + \frac{3\pi}{2}$$

を課したうえで微分不可能性を証明した．この条件下ではグラフはかなり激しい形状となる．例として $W_{9/10,7}$ を描いてみよう：

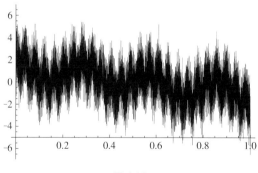

図 1.12

もし貴方が数学者の習性を有していれば,

> $W_{a,b}$ が至る所微分不可能な連続関数であるための a,b の条件を, どれだけ
> 緩めることができるのだろうか?

という疑問が沸き起こるはずである (沸き起こらなくても心配いらない). その
完全な答えは 1916 年にハーディ (Godfrey Hardy, 1877–1947) が与えた:

$$0 < a < 1, \quad ab \geq 1.$$

すなわち, これを満たさない a,b では, $W_{a,b}$ が定義されなかったり, 定義さ
れても微分可能となってしまうのだ. ここで, 条件をぎりぎりで満たす $a = \frac{1}{2}$,
$b = 2$ による $W_{1/2,2}$ を描いてみよう:

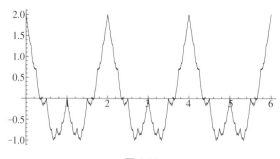

図 1.13

$W_{9/10,7}$ に比べ穏やかな挙動を有している．それにしても，なんだか先ほど見た $y = S(x)$ のグラフに似ているではないか．それもそのはず，倍角の公式 $\cos 2\theta = 1 - 2\sin^2\theta$ から

$$W_{1/2,2}(x) = 2 - 4S\left(\frac{x}{2}\right)$$

が得られる．このことからも，$S(x)$ が至る所微分不可能な連続関数であることがわかる．

章末問題

問 1.1 命題 1.2 を用いて，関数 $y = t(x)$ がすべての整数点上で微分不可能であることを示せ．

問 1.2 定理 14.13 を用いて，$T(x)$ の連続性を証明せよ．

問 1.3 不等式 (1.1) を示せ．

問 1.4 補題 1.3 を証明せよ．

問 1.5 補題 1.4 を証明せよ．

問 1.6 本章の冒頭で，図 1.1 のグラフを約 $10^{10^{100}}$ 倍に拡大した図 1.2 が登場した．実際は，そのような微細な範囲での数値計算は不可能である．ではどのような根拠で，約 $10^{10^{100}}$ 倍に拡大したと言い張れるのだろうか？

問 1.7 $T(x)$ の最大値を求めよ．

問 1.8 定積分 $\displaystyle\int_0^1 T(x)dx$ の値を求めよ．

問 1.9 $y = xT(x)$ は，$x = 0$ でのみ微分可能であることを証明せよ．

問 1.10 $y = \sin(\pi x)T(x)$ は，$x = $ 整数 でのみ微分可能であることを証明せよ．

問 1.11 等式 $W_{1/2,2}(x) = 2 - 4S\left(\frac{x}{2}\right)$ を証明せよ．

問 1.12 実数 a, b が，「$0 < a < 1$ かつ $ab > 1$」を満たさないとき，$W_{a,b}$ はどのような関数となるか．そもそも関数として定義されるだろうか？

2章

悪魔の階段

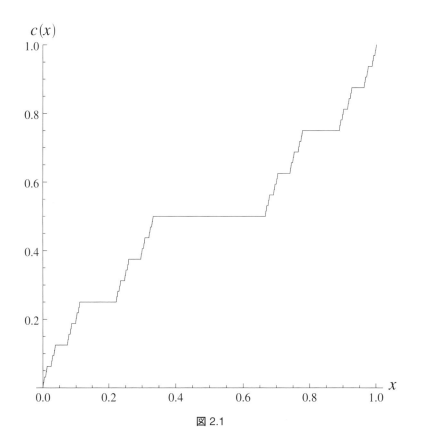

図 2.1

2.1 プロフィール

単調増大する 1 変数関数 $y = f(x)$ $(0 \leq x \leq 1)$ で，$f(0) = 0$ かつ $f(1) = 1$ を満たすものを考える．ここで

f が閉区間 $[0,1]$ にて微分可能であるとき，

微分係数はどこかでは 0 でないことがわかる．実際，平均値の定理から $f'(a) = 1$ となる点 $x = a$ が必ず存在する（嗚呼，ようやく本書でも f' の記号が使えた！）．それでは，少し条件を緩めて

f が閉区間 $[0,1]$ で連続で，殆ど至る所微分可能であるとき，

とした場合はどうか．ただし「殆ど至る所微分可能」とは，「微分可能な $[0,1]$ 内の点 x 全体の集合の "長さ" は 1」という意味である．すなわち，微分不可能な点 x をすべて寄せ集めても，その集合の "長さ" は 0 となっている．この条件下では，微分可能な点であればどこでも微分係数が 0 となってしまう連続関数が存在する．そのようなものの代表例は，1884 年にカントール (Georg Cantor, 1845–1918) によって見出された**カントールの関数** $c(x)$ である．$y = c(x)$ のグラフは図 2.1 のとおりであり，**悪魔の階段**なる異名をもつ．何せこの階段，平坦な部分全体の "長さ" は定義域と同じ 1 であり，"長さ" 0 の或る集合 C **のみ**で高さが**連続的**に 1 だけ増しているのだ．1 章で登場した高木関数に比べれば非常におとなしい・お行儀の良い関数なのだが，イメージを掴むのはグンと難しくなっている．一体 C で何が起きているのか？

とりあえず，増大していそうな場所を拡大してみよう．図 2.2 は，$y = c(x)$ のグラフについて原点付近を 3 倍ずつ拡大していったものである．斜線と思われる場所をどれだけ拡大しても，平坦なステップが発生してしまっている様子がわかる．実は斜線などは一切存在しておらず，無数の平坦なステップを「点」で接着しただけの階段であることが示される．…さっぱりわからなくなってきた．正に悪魔の階段．こういうときは論理でもって理解していこう．

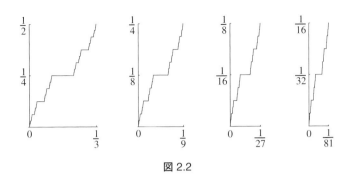

図 2.2

2.2 $c(x)$ の定義

悪魔の階段は，三進記数法を用いて定義される．まず，m 進法で書かれている数 b を $_m b$ と強調しよう．ただし，おなじみの十進法，すなわち $m = 10$ のときは b のままとする．例えば，$\frac{1}{2}$（これはいつもどおり十進法で書かれているもの）は，

$$\frac{1}{2} = \frac{1}{3^1} + \frac{1}{3^2} + \frac{1}{3^3} + \frac{1}{3^4} + \frac{1}{3^5} + \frac{1}{3^6} + \frac{1}{3^7} + \frac{1}{3^8} + \cdots$$

となるので，

$$\frac{1}{2} = {}_3 0.11111111\ldots$$

のとおり書かれる．次に，$\frac{1}{3}$ について考えよう．これは

$$\frac{1}{3} = \frac{1}{3^1} + \frac{0}{3^2} + \frac{0}{3^3} + \frac{0}{3^4} + \frac{0}{3^5} + \frac{0}{3^6} + \frac{0}{3^7} + \frac{0}{3^8} + \cdots$$

より，

$$\frac{1}{3} = {}_3 0.1$$

とすればよいが，

$$\frac{1}{3} = \frac{0}{3^1} + \frac{2}{3^2} + \frac{2}{3^3} + \frac{2}{3^4} + \frac{2}{3^5} + \frac{2}{3^6} + \frac{2}{3^7} + \frac{2}{3^8} + \cdots$$

から，

$$\frac{1}{3} = {}_30.02222222\ldots$$

とも書けてしまう．このように，数によっては 2 通りの表現（有限小数と途中から $(m-1)$ が続く無限小数）があるが，断りが無い限りは**無限小数の表現を選ぶこととする**．また今後は，x は $0 \le x \le 1$ を満たす数とし，x に対する三進数を

$$_30.x_1x_2x_3x_4\ldots$$

と書くことにする．このとき，各 x_n は $0,1,2$ のいずれかである．

この準備の下で，$x = {}_30.x_1x_2x_3x_4\ldots$ に対する $c(x)$ の定義を与えることはできるものの如何せんわかりにくい：

定義 2.1. まず，数列 $\{z_n\}_{n=1}^\infty$ を次のとおり作る：

(1) $x_N = 1$ となる自然数 N が存在しないとき，各 n について，
- $x_n = 0$ ならば $z_n = 0$,
- $x_n = 2$ ならば $z_n = 1$ とおく．

(2) $x_N = 1$ となる自然数 N が存在するとき，そのような N たちのうち最も小さい数を $N(x)$ とおく．各 n について，
- $n < N(x)$ かつ $x_n = 0$ ならば $z_n = 0$,
- $n < N(x)$ かつ $x_n = 2$ ならば $z_n = 1$,
- $z_{N(x)} = 1$,
- $n > N(x)$ ならば $z_n = 0$

とおく．

このとき，$c(x) = {}_20.z_1z_2z_3z_4\ldots$ と定める．

少し例を挙げておく：

- $x = 0 = {}_30.0000\ldots$ はケース (1) を満たすので，$z_1 = z_2 = \cdots = 0$ である．ゆえに $c(x) = {}_20.0000\ldots = 0$.
- $x = \frac{1}{3} = {}_30.02222\ldots (= {}_30.1)$ はケース (1) を満たすので，$z_1 = 0$,

$z_2 = z_3 = \cdots = 1$ である. ゆえに $c(x) = {}_2 0.01111\ldots = {}_2 0.1 = \frac{1}{2}$.

- $x = {}_3 0.2021\underline{1}200122\ldots$ はケース (2) を満たし, $N(x) = 4$ となり, $z_1 = 1,\ z_2 = 0,\ z_3 = 1,\ z_4 = 1,\ z_5 = z_6 = \cdots = 0$ である. ゆえに $c(x) = {}_2 0.1011 = 0.6875$.

▶ **注 2.1**　前述のとおり, 数 x によっては三進記数法の表現を 2 つもつものがあるが, どちらを用いても同じ $c(x)$ の値を得る.

非常にクセのある定義である. これだけで冒頭のグラフを思い浮かべるのは困難だが, 所望の性質を証明する際には便利である.

2.3 悪魔の階段で遊ぶ

難しい話は次節に譲ることとし, ここでは $c(x)$ を用いて様々なヘンテコ曲線を描いてみよう.

その 1

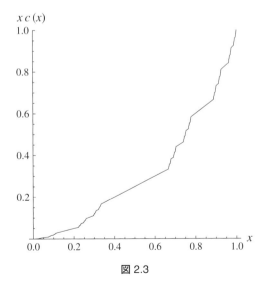

図 2.3

連続関数 $y = xc(x)$ は，殆ど至る所で傾きが $c(x)$ である線分と一致する．ということは，$c(x)$ の不定積分となりそうだが，微分不可能な点が無限個存在するのでちょっと違う．

その2

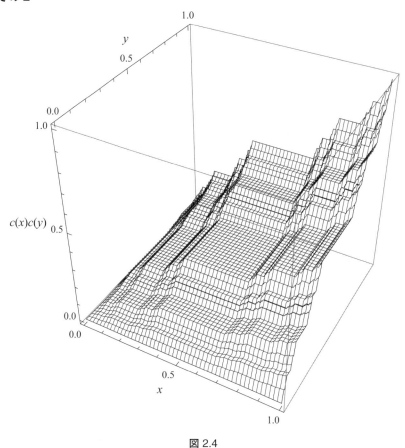

図 2.4

2 変数関数 $z = c(x)c(y)$ $(0 \leq x, y \leq 1)$ は，平坦部分の面積が定義域のそれと同じ 1 であるものの，連続的に高さが 1 だけ増している．

2.4 階段に足を乗せる

悪魔の階段を詳しく見ていこう.

> **命題 2.2**(単調増加性)**.** $0 \leq a < b \leq 1$ ならば $c(a) \leq c(b)$ である.

以下でこの命題の証明を与えよう.

＊　　　　＊　　　　＊

$0 \leq a < b \leq 1$ となる a と b を任意に選び固定する. 三進数としての $a = {}_3 0.a_1 a_2 a_3 a_4 \ldots$ と $b = {}_3 0.b_1 b_2 b_3 b_4 \ldots$ について,

$$a_1 = b_1,\ a_2 = b_2,\ \ldots,\ a_{N-1} = b_{N-1}\ \text{かつ}\ a_N < b_N$$

となる自然数 N が存在する. つまり a と b は, 三進数として小数第 $(N-1)$ 位まで一致し, 小数第 N 位で初めて異なっている. またこのとき, $c(a)$ と $c(b)$ の二進記数法による表現も, 小数第 $(N-1)$ 位まで一致していることに注意しよう.

もし, $c(a)$, $c(b)$ の小数第 N 位より手前の桁で 1 が現れているとき, c の定義から $c(a) = c(b)$ が成り立つ. そこで以下では, a_1 から a_{N-1} まではすべて 0 か 2 である場合を考える. いま $a_N < b_N$ としているから, $a_N = 0$ と $a_N = 1$ の場合を考えればよい.

- （$a_N = 0$ の場合）このとき b_N は 1 または 2 である. $c(a)$ の二進数としての小数第 N 位は 0 であるが, $c(b)$ のそれは必ず 1 となる. ゆえに $c(a) \leq c(b)$ を得る.
- （$a_N = 1$ の場合）このとき $b_N = 2$ である. $c(a)$ の二進数としての小数第 N 位は 1 であり, 小数第 $(N+1)$ 位以降は 0 となる. 一方 $c(b)$ については, 小数第 N 位は 1 であり, 小数第 $(N+1)$ 位以降は 0 または 1 となる. ゆえに $c(a) \leq c(b)$ を得る.

以上から証明が完了した.

＊　　　　＊　　　　＊

> **命題 2.3**（全射性）. $0 \le y \le 1$ たるすべての点 y に対し，或る x $(0 \le x \le 1)$ が存在し $c(x) = y$ を満たす．すなわち，閉区間 $[0,1]$ の写像 c による像 $c([0,1])$ は $[0,1]$ と一致する．

証明は簡単である．実際，$y = {}_2 0.y_1 y_2 y_3 y_4 \ldots$ に対して，数列 $\{x_n\}_{n=1}^{\infty}$ を

$$x_n = 2y_n \quad (n = 1, 2, \ldots)$$

とおき，$x = {}_3 0.x_1 x_2 x_3 x_4 \ldots$ としてやることで $c(x) = y$ を得る．

さて実は，上の 2 つの命題を合わせることで，$c(x)$ の連続性が導かれてしまう．ここでは大雑把な証明を与えておくが，しっかりしたものを所望の方は例 14.2 をご覧いただきたい．

＊　　　＊　　　＊

背理法で示そう．$c(x)$ が点 $x = a$ で連続でないと仮定する．このとき，閉区間 $[0,1]$ の点列 $\{a(n)\}_{n=1}^{\infty}$ で，

> $n \to \infty$ のとき，$\{a(n)\}_{n=1}^{\infty}$ は a へ一致しないように限りなく近づくが，$\{c(a(n))\}_{n=1}^{\infty}$ は $c(a)$ に近づかない

というものが存在してしまう．ここで，数列 $\{c(a(n))\}_{n=1}^{\infty}$ の各項をすべて載せた集合を設ける：

$$A = \{c(a(n)) \,;\, n = 1, 2, \ldots\}.$$

さて，$\{c(a(n))\}_{n=1}^{\infty}$ は $c(a)$ に近づかない，とのことであるが，そうであれば，十分小さい正数 ε によって閉区間 $[c(a) - \varepsilon, c(a) + \varepsilon]$ と集合 A は共通部分をもたない．

これより先，$0 < c(a) < 1$ とし，ε は $0 < c(a) - \varepsilon < c(a) + \varepsilon < 1$ を満たすものとする（そうでない場合も同様に証明できる）．このとき命題 2.2 と 2.3 から，$c(b) = c(a) - \varepsilon$ と $c(d) = c(a) + \varepsilon$ を満たす数 b, d $(0 \le b < a < d \le 1)$ が存在する．また，$\{a(n)\}_{n=1}^{\infty}$ は a に限りなく近づくので，$b < a(M) < a$ または $a < a(M) < d$ となる自然数 M が必ず存在する．$b < a(M) < a$ のとき，

命題 2.2 を用いると,

$$c(a) - \varepsilon = c(b) \leq c(a(M)) \leq c(a) < c(a) + \varepsilon$$

となる. $a < a(M) < d$ のときは

$$c(a) - \varepsilon < c(a) \leq c(a(M)) \leq c(d) = c(a) + \varepsilon$$

である. いずれの場合でも, $a(M)$ は集合 A にも閉区間 $[c(a) - \varepsilon, c(a) + \varepsilon]$ にも属することがわかる. すなわち, $[c(a) - \varepsilon, c(a) + \varepsilon]$ と A は共通部分をもつことになり矛盾する. したがって, $c(x)$ は点 $x = a$ で連続である.

＊　　　＊　　　＊

これで悪魔の階段が連続関数となることがわかった. では次に, 階段の平坦な部分がどこにあるかを見ていきたい. 例えば $a = {}_3 0.02212$ としたとき, $c(a) = {}_2 0.0111$ となるが, 簡単な計算より,

$$_3 0.0221 < x < {}_3 0.02212222\ldots (= {}_3 0.0222)$$

であれば, $c(x)$ は一定値 $_2 0.0111$ をもつことがわかる. 特に, この範囲で $c(x)$ は微分可能であり, その微分係数は 0 となることが得られる. これを一般化すると次を得る:

> **命題 2.4.** 閉区間 $[0,1]$ の点 a は, **どの**三進記数法の表現でも, 或る位で 1 をもつものとする. このとき, a を含む或る開区間上で $c(x)$ は一定値をとり, 特に微分係数は常に 0 となる.

この命題の証明を与えておこう.

＊　　　＊　　　＊

a を仮定を満たす数とする. 三進記数法による $a = {}_3 0.a_1 a_2 a_3 a_4 \ldots$ について, 初めて 1 となる位を N とおく (この N はどの表現でも同じものとなる). a の小数第 $(N+1)$ 位以降が, $0000\ldots$ や $2222\ldots$ とはならないことに注意す

ると

$$_30.a_1 \ldots a_{N-1}1 < a < {}_30.a_1 \ldots a_{N-1}2$$

となることがわかる. 命題 2.2 から

$$c(_30.a_1a_2 \ldots a_{N-1}1) \leq c(a) \leq c(_30.a_1a_2 \ldots a_{N-1}2)$$

となるが, $c(x)$ の定義を思い出すと, 左辺と右辺は等しくなる. したがって, 開区間 $(_30.a_1a_2 \ldots a_{N-1}1, {}_30.a_1a_2 \ldots a_{N-1}2)$ 上で $c(x)$ は一定値 $c(a)$ をとる.

*　　　*　　　*

　以上を踏まえて, 集合 B を

$$B = \left\{ 0 \leq a \leq 1 ; \begin{array}{l} a \text{ は, どの三進記数法の表現でも, 或る位で} \\ 1 \text{ をもつ} \end{array} \right\}$$

によって定めよう. このとき,

　　$c(x)$ は B 上で一定である. 特に B 上で微分可能であり, その微分係数はすべて 0 である

が成り立っている. となると, 閉区間 $[0,1]$ から B を除いた集合, すなわち

$$C = \left\{ 0 \leq a \leq 1 ; \begin{array}{l} a \text{ は, 或る三進記数法の表現によって, すべ} \\ \text{ての位で } 1 \text{ をもたない} \end{array} \right\}$$

たる集合 C **のみ**で $c(x)$ は 0 から 1 まで連続的に増大していることになる. 以上の事実から,

　　悪魔の階段を俯瞰すると, 踏み板と踏み板の間には, C の要素による接着がなされている

となるだろう. それでは C について追及していこう.

2.5 踏み板と踏み板を接着するもの

集合 C は**カントール集合**と呼ばれ，それ自体が我々の直観を破壊し，厳密な数学的議論を要求する曲者である．

C の長さ

$a = {}_30.a_1a_2a_3a_4\ldots$ が C に属するということは，誠に希少な事象である．実際，「a が C に属する」という事象は「すべての a_n が 1 でない」という事象と同じといってよい．そして後者の起こる確率は

$$\underset{a_1 \neq 1}{\frac{2}{3}} \times \underset{a_2 \neq 1}{\frac{2}{3}} \times \cdots \times \underset{a_n \neq 1}{\frac{2}{3}} \times \cdots$$

以下となるから，なんと 0 である！　C の要素は，$a = {}_30.2,\ {}_30.020212222\ldots$ の如くたくさん存在しているわけだから，奇妙に思えなくもない．とにかく，C は $[0,1]$ の中で，存在はするものの，その長さは 0 であるといえる．このように閉区間 $[0,1]$ の部分集合 A について，

> $[0,1]$ から無作為に数 a を選んだとき，それが A に属している確率が 0 である

とき，A を**零集合**と呼ぶ．ここでは大雑把に「長さ 0 の集合」と呼んでいこう．$[0,1]$ から零集合 A を除いた集合（差集合といい $[0,1] \setminus A$ と書く）の長さは $1 - 0 = 1$ である．以上から，

$$B \text{ の長さは 1 であり，} C \text{ の長さは 0 である}$$

ことがわかった．

▶ 注 2.2

(1) 上記の説明はかなり乱暴である．本来，零集合を使用する際は，「ルベーグ積分論」という数学の一分野を導入すべきである．そもそも「確率」の定義も曖昧なままである．しかし，「ルベーグ積分論」をいますぐ解説していくのは大変だから，第 III 部 14.4 節に丸投げした．

(2) カントール集合の構成法・性質については，Coffee Break で簡単に解説する．

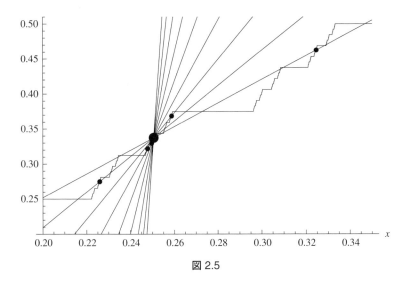

図 2.5

C での微分不可能性

まず，C の点 $b = {}_3 0.02020220022 = 0.250616719\ldots$ における微分可能性を調べよう．

図 2.5 の大きな点は座標 $(b, c(b))$ を表し，小さな点はそれに近づくものである．大きい点と小さい点を結ぶ直線は，どんどん垂直に傾いていくことが見て取れる．したがって，$x = b$ においては微分不可能であることが予想される．

それでは，C から任意に選んだ点 a における微分可能性を見ていこう．まず，すべての a_n たちが 1 でないような三進記数法の表現 $a = {}_3 0.a_1 a_2 a_3 a_4 \ldots$ をもつ．これに対して，

$$a(N) = {}_3 0.a_1 a_2 a_3 a_4 \ldots a_{N-1}(2 - a_N)a_{N+1}\ldots$$

を定める．つまり，a の小数第 N 位だけ 0 と 2 を交換したものとする．明らかに $\lim_{N \to \infty} a(N) = a$ である．さらに，各 $a(N)$ たちも C に属するので，

$$\frac{c(a) - c(a(N))}{a - a(N)} = \frac{2^{-N}}{2 \cdot 3^{-N}} = \frac{1}{2}\left(\frac{3}{2}\right)^N$$

を得る．したがって

$$\lim_{N \to \infty} \frac{c(a) - c(a(N))}{a - a(N)} = \infty$$

となるが，これは $x = a$ で $y = c(x)$ が微分不可能であることに他ならない（☞ 詳しくは系 14.9 を参照）．すなわち，悪魔の階段は長さ 0 の集合 C 上では微分不可能であることがわかった．

以上から最終的に，

> $y = c(x)$ は殆ど至る所，具体的には長さ 1 の集合 B 上のみで微分可能であり，その微分係数はすべて 0 である．また，長さ 0 の集合 C 上のみで高さ 1 だけ単調かつ連続的に増大している

ことがいえた！ 相変わらず悪魔の階段は，イメージがどうにも追いつかない厄介な関数かもしれない．しかしそうであっても，論理の力をもってすれば，上記のような摩訶不思議な性質を証明することができるのだ．正に現代解析学の特徴の一つであろう．

━━━━━━━━━━━━━━━━━━ **Coffee Break** ━━━━━━━━━━━━━━━━━━

カントール集合 C の構成法について，少しだけ解説しよう．C の定義は，

$$C = \left\{ 0 \le a \le 1 ; \quad \begin{array}{l} a \text{ は，或る三進記数法の表現によって，} \textbf{すべ} \\ \textbf{ての位で } 1 \text{ をもたない} \end{array} \right\}$$

であった．そこで，各自然数 N について，

$$C_N = \left\{ 0 \le a \le 1 ; \quad \begin{array}{l} a \text{ は，或る三進記数法の表現によって，} \textbf{小数} \\ \textbf{第 } N \textbf{ 位まで } 1 \text{ をもたない} \end{array} \right\}$$

という集合を作ると，C は $C_1, C_2, \ldots, C_N, \ldots$ たちの共通部分と一致する：

$$C = \bigcap_{N=1}^{\infty} C_N \ (= C_1 \cap C_2 \cap \cdots).$$

C_N たちは単調性 $C_1 \supset C_2 \supset \cdots \supset C_N \supset \cdots$ をもつので，

$$N \to \infty \text{ のとき, } C_N \text{ は } C \text{ に "収束" する}$$

と考えることは自然であり, 実際にそれは「ルベーグ積分論」において正当化されている. さて, C_1 は定義によれば次のような閉区間の和集合で書かれる:

$$C_1 = [_3 0, {}_3 0.02222\ldots] \cup [_3 0.2, {}_3 0.22222\ldots] = \left[0, \frac{1}{3}\right] \cup \left[\frac{2}{3}, 1\right].$$

これをイメージ図にしてみよう (左端が位置 $x = 0$, 右端が位置 $x = 1$):

図 2.6

次に C_2 は,

$$C_2 = \left[0, \frac{1}{9}\right] \cup \left[\frac{2}{9}, \frac{3}{9}\right] \cup \left[\frac{6}{9}, \frac{7}{9}\right] \cup \left[\frac{8}{9}, 1\right]$$

図 2.7

となる. すなわち, C_1 を構成している各区間を三等分し, 真ん中の部分を取り除くことで C_2 を得る. 以下帰納的に $C_3, C_4, C_5, \ldots$ が作られる:

図 2.8

C_5 の段階でかなり太線が消えてしまっている. ところで, 各 C_N についてその長さが $\left(\frac{2}{3}\right)^N$ であることに異論は無いだろう. また「ルベーグ積分論」によると,

$N \to \infty$ のとき，C_N の長さも C の長さに収束する

ことが示されるので，結局 C の長さは 0 となる．

長さが 0 となれば，やはり C はさほど多くの要素をもっていないのでは？と思ってしまうのだが，真実はいかがであろうか？ ここで，集合の**濃度**という概念を導入しよう．2 つの集合 A, B に対して，もし A から B への全単射が一つでも存在するとき，「A と B は濃度が等しい」と呼ぶ．

> ▶ **注 2.3**　全単射とは，単射かつ全射であるときをいう．写像 $f: A \to B$ が単射であるとは，$a_1 \neq a_2$ ならば $f(a_1) \neq f(a_2)$ となることをいい，全射であるとは，B から任意に要素 b を選んだとき，$f(a) = b$ となる A の要素 a が存在するときをいう．ちなみに，A から B への単射は存在するが B から A への単射が存在しないとき，「B は A より濃度が大きい」という．

非常に大雑把にいえば，A がもつ要素の個数（のようなもの）は B のそれと同じである，となる．実は，全単射の存在をいわなくても，A から B への単射 f と B から A への単射 g の存在をそれぞれ示せば，A と B が等濃度であることが導かれる（ベルンシュタインの定理）．

(例 1) 有限個の要素から成る集合 A と B について，A と B が等濃度であることと，A と B の要素数が等しいことは同値である．

(例 2) 自然数全体の集合 $\mathbb{N}$ と有理数全体の集合 $\mathbb{Q}$ は等濃度である．一方，実数全体の集合 $\mathbb{R}$ は，$\mathbb{N}$ や $\mathbb{Q}$ よりも濃度が大きい．

(例 3) 集合の包含関係 $A \subset B$ が成り立ち，B から A への単射が存在するとき，A と B は等濃度である．

(例 4) 長さ無限大の集合 $\mathbb{R}$ と長さ 1 の閉区間 $[0, 1]$ は等濃度である．これは濃度が等しくても長さが異なる一例である．

(例 5) A と B が等濃度で，B と D が等濃度であるとき，A と D も等濃度である．これを推移律という．

それでは，C の濃度は如何ほどか．なんと，

定理 2.5. C と $\mathbb{R}$（= 数直線）は濃度が等しい．

という結論を得る. $\mathbb{R}$ の長さは無限大である一方で,C の長さはゼロであるというのに! それではどのように証明すればよいのか. 実は,本章の主役 $c(x)$ が活躍するのである. 以下に定理の証明を与えよう:

* * *

閉区間 $[0,1]$ から任意に数 $y = {}_20.y_1y_2y_3y_4\ldots$ を選ぶ. 命題 2.3 の証明を見ると,$c(x) = y$ となる数 $x = {}_30.x_1x_2x_3x_4\cdots (x_n = 2y_n)$ が具体的に作られているが,これは明らかに C に属している. このようにして,y を x へ写す写像 $f: [0,1] \to C$ を定義すると,f は単射となる. (例 3) から,C と $[0,1]$ は等濃度であることがわかる. さらに (例 4) と (例 5) より,C は $\mathbb{R}$ と濃度が等しいことを得る.

* * *

長さも濃度も,元々は誰もがその存在を疑わない概念である. しかしカントール集合 C の如く,直観のみで測れない集合に出くわしたとき,当たり前の概念を厳密に設定する必要が生じる. その過程は必ずしも楽ではないし,そもそも淘汰されうるものであるが,一度確立されれば,"測り" 知れない集合は豊饒の海と化す.

章末問題

問 2.1 $c(1)$ の値を求めよ.

問 2.2 悪魔の階段は,等式

$$c(x) = \begin{cases} c(3x)/2 & (0 \leq x \leq 1/3), \\ 1/2 & (1/3 < x < 2/3), \\ c(3x-2)/2 + 1/2 & (2/3 \leq x \leq 1) \end{cases}$$

をもつことを証明せよ.

問 2.3 定積分 $\displaystyle\int_0^1 c(x)dx$ の値を求めよ.

問 2.4 $0 \le x \le 1$ に対して，$c_0(x) = x$ を定める．さらに $c_0, c_1, \ldots, c_N$ が与えられているとき，

$$c_{N+1}(x) = \begin{cases} c_N(3x)/2 & (0 \le x \le 1/3), \\ 1/2 & (1/3 < x < 2/3), \\ c_N(3x-2)/2 + 1/2 & (2/3 \le x \le 1) \end{cases}$$

を定義する．このとき，

$$\lim_{N \to \infty} c_N(x) = c(x)$$

を示せ．

問 2.5 定理 14.13 を用いて，$c(x)$ の連続性を証明せよ．

問 2.6 関数 $y = xc(x)$ $(0 \le x \le 1)$ について，微分不可能となる点をすべて挙げよ．

問 2.7 関数 c の無限回の合成写像はどのような関数となるか．

問 2.8 集合

$$A = \left\{ 0 \le a \le 1 \, ; \, \begin{array}{l} a \text{ は，或る十進記数法の表現によって，すべ} \\ \text{ての位で } 9 \text{ をもたない} \end{array} \right\}$$

の長さと濃度を求めよ．

3章

C^1 級遥かなり

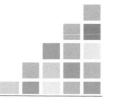

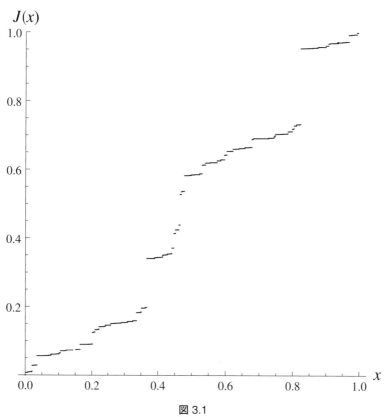

$J(x)$

図 3.1

3.1 プロフィール

これまでに扱った高木関数 $T(x)$ と悪魔の階段 $c(x)$ は，ずいぶんヘンテコな関数ではあるものの，連続性は有している．一方，ここで登場する関数 $J(x)$ は，無限個の点で不連続であり，図 3.1 のグラフも不細工に見える．となれば，$T(x)$ や $c(x)$ よりずっとお行儀が悪いのではと思うのだが，事実はそれほどでもない．なぜならば，$J(x)$ は「単調」であるからだ．これまでに取り上げたヘンテコよりももっとヘンテコに見えて，本当はそこまででない，という部分がヘンテコというわけ．ということで，単調な関数がもつ秘めたる底力を見ていこう．

3.2 単調な関数

節のタイトルからしてつまらなそうだが，そんなことはない．（広義）単調増加な関数とは，

$$x_1 < x_2 \text{ ならば } f(x_1) \leq f(x_2)$$

を満たす実数値関数である．ちなみに「狭義」の場合は，「$f(x_1) < f(x_2)$」に置き換わるが，今回は「広義」のみを扱う．一方，単調減少関数は，

$$x_1 < x_2 \text{ ならば } f(x_1) \geq f(x_2)$$

を満たすもので，$-f(x)$ が単調増加であることと同値となる．単調増加と単調減少を併せて**単調**という．

以下断りがない限り，本章では**閉区間 $[0,1]$ で定義された関数**を考えていく．単調というだけで連続性が保証されないのは，

$$f_1(x) = \begin{cases} 0 & (0 \leq x < 1/2), \\ \dfrac{1}{2} & (x = 1/2), \\ 1 & (1/2 < x \leq 1) \end{cases}$$

を見れば明白である．この関数は 1 個の不連続点しかないが，一般に単調な関数は，$[0,1]$ 内にどれだけ不連続点をもつ可能性があるのだろうか．それを述べ

るために，2章で触れた「濃度」を思い出していただきたい．

　ℕ（自然数全体の集合）と等濃度な集合は，各要素について一つずつ自然数の番号付けをすることができる．例えば，ℚ（有理数全体の集合）については

$$0 \;,\;\; 1 \;,\;\; -1 ,\;\; \frac{1}{2} ,\;\; -\frac{1}{2} ,\;\; 2 \;,\;\; \frac{1}{3} \;,\;\; 3 \;,\;\; \frac{1}{4} \;,\;\; \frac{2}{3} \;,\;\; \frac{3}{2} \;\cdots$$

1番目　2番目　3番目　4番目　5番目　6番目　8番目　10番目　12番目　14番目　16番目

(3.1)

と続けていけばよい．それゆえ，これらの集合は可付番集合という名前がついているのだが，もっと定着した名称があるので以下で紹介する：

定義 3.1. ℕ と等濃度な集合を**可算集合**という．可算集合の濃度を**可算無限個**と呼び $\aleph_0$（アレフゼロ）と書く．有限集合または可算集合の濃度を**高々可算個**と呼ぶ．高々可算個でない濃度をもつ集合を**非可算集合**という．

これらの言葉を踏まえ，当初の疑問の答えを述べよう．

命題 3.2. $[0,1]$ で定義された単調な関数の不連続点（全体の集合の濃度）は，高々可算個である．

　$\aleph_0$ は ℝ（実数全体の集合）の濃度（$\mathfrak{c}$ と書き，連続の濃度という）よりも小さい．実は $\aleph_0$ は，無限集合の中で最も小さい濃度である．単調な関数は確かに無限個の不連続点をもちうるが，その無限個のレベルは"最も下"であり，縦横無尽にやんちゃな不連続関数とはほど遠いのだ．

> ▶**注 3.1**　やんちゃな例としてディリクレ関数
>
> $$d(x) = \begin{cases} 1 & (x \in \mathbb{Q} \cap [0,1]), \\ 0 & (x \in [0,1] \setminus \mathbb{Q}) \end{cases}$$
>
> が挙げられ，これは至る所不連続だ．ただし，$x \in \mathbb{Q} \cap [0,1]$ と $x \in [0,1] \setminus \mathbb{Q}$ はそれぞれ「x は，$0 \le x \le 1$ を満たす有理数」「x は，$0 \le x \le 1$ を満たす無理数」を意味する．

　さて，命題 3.2 の証明を与えるために，もう一つ用語を導入させて欲しい．

> **定義 3.3.** 閉区間 $[0.1]$ 上で定義された関数 $y = f(x)$ と点 $x = x_0$ について，以下を定める：
>
> (1) $f(x_0 - 0) = \lim\limits_{x \to x_0 - 0} f(x)$ を左極限，$f(x_0 + 0) = \lim\limits_{x \to x_0 + 0} f(x)$ を右極限という.
>
> (2) $f(x)$ は $x = x_0$ で不連続であるが，$f(x_0 - 0)$ と $f(x_0 + 0)$ が存在するとき，x_0 を**第一種不連続点**という. ただし，$x_0 = 0$ のときは $f(x_0 - 0) = f(0)$ とし，$x_0 = 1$ のときは $f(x_0 + 0) = f(1)$ と置き換える.

これを踏まえると，

> **命題 3.4.** 単調な関数の不連続点はすべて第一種である.

を得る．証明が気になる方は注 14.6 を見ていただくとして，ここでは一気に命題 3.2 を示してしまおう．

＊　　　　＊　　　　＊

$y = f(x)$ を単調増加関数とする（単調減少関数も同様に示される）．このとき，f が $x = x_0$ で不連続であることと，$f(x_0 - 0) < f(x_0 + 0)$ となることは同値である．したがって，集合

$$D = \{x \in [0,1]\,; f(x - 0) < f(x + 0)\}$$

が高々可算であることをいえばよい．自然数 n に対して

$$D_n = \left\{x \in [0,1]\,; f(x + 0) - f(x - 0) > \frac{f(1) - f(0)}{n}\right\}$$

を定める．このとき，各 D_n の濃度（要素の個数）は n 以下であり，

$$D = \bigcup_{n=1}^{\infty} D_n \ (= D_1 \cup D_2 \cup D_3 \cup \cdots)$$

となる．一般に，可算個の有限集合による和集合は高々可算であるから，D は

高々可算である.

＊　　　　＊　　　　＊

図 3.1 の $J(x)$ は，可算集合 $\mathbb{Q} \cap [0,1)$ の**全点で**不連続となっており，命題
3.2 を踏まえると「単調関数のうち最も不連続点が多い類」に入ることがわか
る. 作り方は次のとおりである:

- $\mathbb{Q} \cap [0,1]$ の全点を，$q_1, q_2, \ldots$ と番号付けしておき,
- 正の実数列 $\{a_n\}_{n=1}^{\infty}$ で $\sum_{n=1}^{\infty} a_n = 1$ となるものを用意したうえで,
- 各 $x \in [0,1]$ について,

$$J(x) = \sum_{q_n < x} a_n \ (= q_n < x \text{ となる } n \text{ による } a_n \text{ たちをすべて足したもの})$$

と定める.

$J(x)$ の不連続点の個数は無限個の中でも一番少ない，とはいえ，ものすごく
ビッシリと不連続点がバラまかれている. 何しろ，どの不連続点と不連続点の
間にも無数の不連続点が存在していて，どこまで拡大しても連続関数のグラフ
が現れることはないのだ. とてもとても，微分などできそうにないように見え
るが….

3.3 微分可能性

先ほどの複雑怪奇な不連続関数たちの，最大級にヘンテコな点は，微分可能
性にある. **思ったより微分できるのだ.**

> **定理 3.5.** 単調な関数の微分不可能な点全体の集合は零集合である.

零集合とは，2 章で触れた「長さ 0」の集合である. 悪魔の階段を思い出す
と，カントール集合（零集合だが連続の濃度 c をもつ）上でのみ微分不可能で
あった. 上の定理から，悪魔の階段は連続関数である一方で，「最もたちの悪い
微分不可能性をもつ単調関数」ということができる. しかし私たちは既に，高
木関数のような"悲惨なほど微分できない関数"と巡り合っているので，単調

関数でありさえすればこの程度の不可能性で済むのだ，ともいえる．間違っても「正の長さをもつ集合上で微分できない」なんてことは絶対起きないのだ.

さて，定理 3.5 の証明が気になるところだが，これはなかなか難しい．すっかり読む気を無くしてしまいそうなので泣く泣く割愛する（どうしても気になる方は文献 [35] を参照されたし）．ここでは，似たような単調関数でも微分可能性が変化する様を見てみよう.

（例 1）単調減少関数 $f_2(x)$ を，

- $0 \le x < \frac{1}{2^2}$ ならば $f_2(x) = 1$,
- $n = 2, 3, \ldots$ に対して，$\frac{1}{2^2} + \cdots + \frac{1}{2^n} \le x < \frac{1}{2^2} + \cdots + \frac{1}{2^n} + \frac{1}{2^{n+1}}$ ならば $f_2(x) = \dfrac{1}{1.5^{n-1}}$,
- $\frac{1}{2} \le x \le 1$ ならば $f_2(x) = 0$,

によって与える.

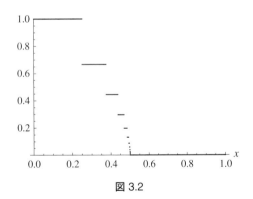

図 3.2

このとき，$n = 2, 3, \ldots$ で

$$\frac{f_2\left(\frac{1}{2}\right) - f_2\left(\frac{1}{2^2} + \cdots + \frac{1}{2^n}\right)}{\frac{1}{2} - \left(\frac{1}{2^2} + \cdots + \frac{1}{2^n}\right)} = \frac{0 - \dfrac{1}{1.5^{n-1}}}{\frac{1}{2} - \frac{1}{2}\left(1 - \frac{1}{2^n}\right)} = -3\left(\frac{4}{3}\right)^n$$

が成り立つ．したがって，

$$\lim_{n \to \infty} \frac{f_2\left(\frac{1}{2}\right) - f_2\left(\frac{1}{2^2} + \cdots + \frac{1}{2^n}\right)}{\frac{1}{2} - \left(\frac{1}{2^2} + \cdots + \frac{1}{2^n}\right)} = -\infty$$

となり，これは $f_2(x)$ が $x = \frac{1}{2}$ にて微分不可能であることに他ならない（☞ 詳しくは系 14.9 を参照）．

（例 2）単調減少関数 $f_3(x)$ を，

- $0 \le x < \frac{1}{2^2}$ ならば $f_3(x) = 1$,

- $n = 2, 3, \ldots$ に対して，$\frac{1}{2^2} + \cdots + \frac{1}{2^n} \le x < \frac{1}{2^2} + \cdots + \frac{1}{2^n} + \frac{1}{2^{n+1}}$ ならば $f_3(x) = \frac{1}{3^{n-1}}$,

- $\frac{1}{2} \le x \le 1$ ならば $f_3(x) = 0$,

によって与える．

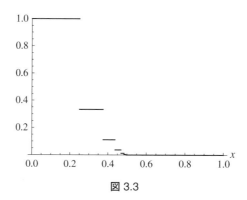

図 3.3

殆ど似たような定義だが，f_3 は $x = \frac{1}{2}$ で微分可能である（証明は章末問題とする）．

上の 2 例からもわかるとおり，微妙なさじ加減で微分可能性の真偽が変化してしまうが，（単調でありさえすれば）どんなに酷い関数を作ろうとも微分不可能な点の集合は零集合で収まるのだ．

少し話が複雑になってきたので，単調関数の基本性質をまとめておこう．

- 不連続点は皆，第一種で高々可算個.
- 微分不可能な点全体の集合は零集合.

こうして，「ものすごくヘンテコに見える単調関数は，実のところそれほどでもない」ことがわかった．いままでは，ハードな見かけのヘンテコ単調関数ばかり気にしていたが，以下ではもう少しソフトなヘンテコも見ていこう．

3.4 絶対連続と特異連続

単調関数 f は，或る零集合 N を除いた集合 $[0,1] \setminus N$ で微分可能であるので，その $[0,1] \setminus N$ 上で導関数が定義できる．それを通常の記号と同じ $f'(x)$ で表す.

さて，既出の関数 f_j $(j = 1, 2, 3)$ に再登場してもらおう．これらは定義域上で $f_j'(x) = 0$ となる．次に，積分をとってみよう：

$$\int_0^x f_j'(t)dt = 0 \quad (j = 1, 2, 3).$$

▶ **注 3.2** この積分は厳密にはルベーグ積分である．その場合，N で $f'(x)$ がどんな関数であろうとも上の等式を得る．ルベーグ積分については，第 III 部 14.4 節を参照されたい.

もちろん，f_j たちはゼロ関数ではない．つまり「微積分学の基本定理」の一つである

$$f(x) - f(0) = \int_0^x f'(t)dt \tag{3.2}$$

が成立しないのだ．同じ現象は悪魔の階段でも生じている．これは

零集合 N にある情報は無視できない

ことを指している.

一方で，N は空集合でない（＝微分できない点がある）かもしれないが，上の基本定理は成立する単調関数もたくさんある．このような関数は，

零集合 N にある情報は無視してもよい

といえるが，一体どのような関数なのだろうか？

それは「絶対連続」な関数である．絶対連続性の説明はどうしても難しく見えてしまうが，避けては通れないので突破しよう．

まず，ε-δ 論法を用いた，一般の関数 $g(x)$ に対する「連続」の定義は，

> 任意の $x \in [0,1]$ と正数 ε に対して，或る正数 δ が存在し「$y \in [0,1]$ が $|x - y| < \delta$ となるとき，$|g(x) - g(y)| < \varepsilon$」を満たす

である．それに対し，

> 任意の正数 ε に対して，或る正数 δ が存在し「有限個の互いに交わらない開区間 (a_k, b_k) $(k = 1, 2, \ldots, n)$ が $\sum_{k=1}^{n} |b_k - a_k| < \delta$ となるとき，$\sum_{k=1}^{n} |g(b_k) - g(a_k)| < \varepsilon$」を満たす

とき，g は**絶対連続**であるという．ざっくりいえば，

> 「$g(x)$ の変動が大きい開区間たちの和集合 $\mathcal{I}$」を狙い撃ちして選んでも，その長さが十分小さければ，$g(x)$ の $\mathcal{I}$ での変動は結局小さくなっていく

となろう．ところで，「絶対連続 ⇒ 連続」は直ぐにわかるが，その逆「連続 ⇒ 絶対連続」は真でない．反例として，次を挙げる：

> **命題 3.6.** 悪魔の階段 $c(x)$ は絶対連続でない連続関数である．

$c(x)$ は (3.2) を満たさないのだから，絶対連続でないわけであるが，ここで，直接的な証明を与えておこう．

＊　　　　＊　　　　＊

2 章にて，$c(x)$ はカントール集合 C 上のみで単調増加していることが示されている．また 2 章の Coffee Break で述べた C_N は，

- C より大きい集合である．
- 或る 2^N 個の互いに交わらない開区間 (a_k, b_k) $(k = 1, 2, 3, \ldots, 2^N)$ たち

による和集合

$$(a_1, b_1) \cup (a_2, b_2) \cup \cdots \cup (a_{2^N}, b_{2^N})$$

に等しい.

- その長さは $\left(\frac{2}{3}\right)^N$ に等しい.

を満たすので,

$$\sum_{k=1}^{2^N} |b_k - a_k| = \left(\frac{2}{3}\right)^N \quad \text{かつ} \quad \sum_{k=1}^{2^N} |c(b_k) - c(a_k)| = 1$$

となる. N は任意に選べるので, c は絶対連続でない.

＊　　　＊　　　＊

$c(x)$ がそうであるように, **定数関数でない**連続関数のうち, 或る零集合 N の外では微分係数が 0 となるものを**特異（連続）である**という. 特異単調関数は, 絶対連続の場合と異なり N を無視することができない. そこでは "傾き $+\infty$ の増大" が発生しているのだ.

以上を踏まえ, 様々な単調関数をリストアップしよう.

- （跳躍関数）$[0,1]$ にある高々可算個の $x_1, x_2, \ldots$ と正の実数列 $a_1, a_2, \ldots$ で $\sum_n a_n < \infty$ となるものを用意したうえで, $H(x) = \sum_{x_n < x} a_n$ と書かれるもの. $H(x)$ は $x = x_n$ ($n = 1, 2, \ldots$) のみで不連続であるが, $H(x_n - 0) = H(x_n)$ は成り立つ（左連続という）. また H は不連続点において跳躍 $H(x_n + 0) - H(x_n) = a_n$ をもつ. 関数 f_1, f_2, f_3 および J は跳躍関数である.

- （特異単調関数）単調な連続関数 $f(x)$ で $f(0) < f(1)$ たるものに対して,

$$f_s(x) = f(x) - f(0) - \int_0^x f'(t)dt$$

とおくと, f_s は特異単調である. つまり f_s は, (3.2) がどれだけズレているかを語るものである.

- （絶対連続単調関数）$[0,1]$ で C^1 級（$[0,1]$ 全点で微分可能で, 導関数も

全点で連続であること）であれば，絶対連続である．したがって，絶対連続単調関数の例は簡単に幾らでも作れるだろう．

C^1 級でないものとして，不定積分 $\mathcal{J}(x) = \int_0^x J(t)dt$ を取り上げよう．

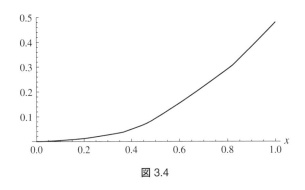

図 3.4

これは，結構滑らかに見えるが，$\mathbb{Q} \cap (0,1)$ の全点で微分できない．

一般に，連続な関数の不定積分は必ず C^1 級となる．一方，不連続な場合は，C^1 級には届かないものの絶対連続性は保持されるのだ．

3.5 有界変動関数

関数をいろいろと分析する場合，「"一定の規則"をもった関数全体の集合 S」を作り，そこで様々な道具を駆使して進めていくことが多い．どのような分析であっても，線形性，すなわち，

- （スカラー倍）$g(x)$ が S に属するとき，任意の実数 a に対して $y = ag(x)$ も S に属する．
- （加法）$g_1(x)$ と $g_2(x)$ が S に属するとき，$y = g_1(x) + g_2(x)$ も S に属する．

を"一定の規則"に入れることは自然である．ところが，単調関数は加法性を満たさない．例えば，x と $-x^2$ は単調だが $x - x^2$ はそうではない．そこで，

$$BV = \{f(x) + g(x)\,;\, f \text{ と } g \text{ は } [0,1] \text{ で単調}\}$$

と定めよう. これは,

線形性を有し, すべての単調関数が入っている集合のうち, 最小のもの

である. BV というのは単調関数を分析したいがために, 仕方なく作られた印象があるかもしれない. しかし, それは大きな間違いである. そもそも BV とは何の略なのだろうか？ 実は, 関数値の「移動総距離」が有限であることを指した用語の略である. 以下で詳しく見ていこう.

$y = f(x)$ が単調増加であるとき, x が 0 から 1 に動くにつれ, y の値は $f(0)$ から $f(1)$ へ（途中で跳躍するかもしれないが, 向きを変えることなく）移動するので, 移動した総距離（**全変動**という）はもちろん $f(1) - f(0)$ である.

次に $y = \sin \pi x$ の場合, y は 0 から 1 に至るが, $x = 1/2$ で減少に転じ再び 0 に帰る. したがって, 総距離は 2 である.

一般の C^1 級関数 $y = h(x)$ の場合, 総距離は $\int_0^1 |h'(t)|dt$ となる. では C^1 級でない関数はどうするのか. 絶対連続であれば, 微分できない点は無視してよいので相変わらず $\int_0^1 |h'(t)|dt$ でよい. 一方,（単調でない）特異連続関数はそうもいかない. 結論をいえば, 一般の関数 $g(x)$ に対する全変動は

$$V(g) = \sup\left\{ \sum_{k=1}^n |g(x_k) - g(x_{k-1})| \, ; 0 = x_0 < x_1 < x_2 < \cdots < x_n = 1 \right\}$$

のように与えられる. sup の定義は第 III 部 14.1 節を参照して欲しいが, いまは意味がわからなくても大丈夫. とにかく, $V[g] < \infty$, すなわち全変動が有限値であるとは,

閉区間 $[0,1]$ をどのように有限分割しても, 各小閉区間 $[x_k, x_{k-1}]$ の端点における g の差 $|g(x_k) - g(x_{k-1})|$ の総和は, 或る同一の $\mathcal{C} \geq 0$ を超えない

ことを指し, このとき g は**有界変動である**という. さらに, $V[g]$ は上記のような $\mathcal{C}$ たち全体の集合の最小値に等しい. また, g が C^1 級ならば有界変動であり $V[g] = \int_0^1 |g'(t)|dt$ である. 反対に, $V[g] = \infty$ であるとは,

任意の正数 R に対して, 閉区間 $[0,1]$ の或る有限分割は, その各小閉区間の端点における g の差の総和が R を超える

ときをいう．ここで一つ，有界変動関数の例を描いておこう：

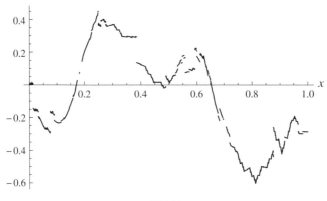

図 3.5

単調関数の和 $h_1(x)+h_2(x)$ （これを $(h_1+h_2)(x)$ とも書く）が，有界変動である
ことは直ぐにわかる．実際，$V[h_1], V[h_2]$ は有限値で $V[h_1+h_2] \leq V[h_1]+V[h_2]$
となるからだ．実は，その逆も正しい．すなわち，

> **定理 3.7.** 有界変動関数は，或る 2 つの単調関数の和で書かれる．

したがって，「有界変動である」ことと「2 つの単調関数の和である」ことは
同値であり，

$$BV = \{h(x) \, ; \, h \text{ は有界変動}\}$$

を得る．有界変動の英訳は Bounded Variation である．そう，BV とはその略
語であり，いま書いた定義が本来のものなのだ．

前節までにわかったことを踏まえ，有界変動に関する話題をまとめておく．

- 有界変動関数は，高々有限個の不連続点をもち，それらはすべて第一種で
  ある．また或る零集合を除き微分可能である．
- 2 つの跳躍関数の差を一般跳躍関数と呼ぶことにしよう．不連続点の性質
  は，元祖跳躍関数のときと同様である．
- 絶対連続ならば有界変動である．対して，特異関数の中には有界変動でな

いものがある．例えば，

$$
c_1(x) = \begin{cases} 0 & (x < -1), \\ c(x+1) & (-1 \leq x < 0), \\ c(1-x) & (0 \leq x < 1), \\ 0 & (x \geq 1) \end{cases}
$$

としたうえでの

$$
c_2(x) = \sum_{n=1}^{\infty} \frac{1}{n} c_1 \left(2^{n+1} \left(x - \frac{1}{2^{n+1}} - \sum_{k=1}^{n-1} \frac{1}{2^k} \right) \right)
$$

がそうである．悪魔の階段がより悪魔的になった．

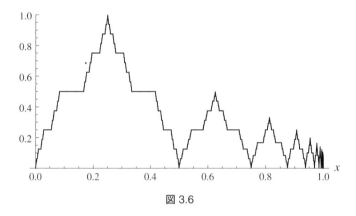

図 3.6

これは或る零集合を除いて平坦だが，零集合上で上下の移動が無限大となるのだ．

　これまで雑多に登場した関数たちが丸く収まる話をしよう．いま f を単調増加とし，さらに左連続，すなわち，任意の x にて $f(x-0) = f(x)$ であると仮定する．命題 3.2 から，f は高々可算個の不連続点 $x_1, x_2, \ldots$ をもち，その各点 x_n で正値のギャップ $a_n = f(x_n + 0) - f(x)$ をもつ．そこで，$H(x) = \sum_{x_n < x} a_n$ とおくと，これは跳躍関数であり，$\varphi(x) = f(x) - H(x)$ は f から不連続部分を除去されたもの，つまり連続単調関数となる．前節で注意したとおり，

$$
h_{ac}(x) = \int_0^x \varphi'(t)dt + \varphi(0), \quad h_s(x) = \varphi(x) - h_{ac}(x)
$$

とすると，h_s は特異単調，h_{ac} は絶対連続となる．以上から，

　　左連続単調増加関数 = 跳躍関数 + 特異単調関数 + 絶対連続単調関数

の如く分解されることがわかった．したがって，

　　左連続有界変動関数 = 一般跳躍関数 + 特異・有界変動関数 + 絶対連続関数

も得られる．これを**ルベーグ分解**という．これは定数の差を除けば，一意な分解である．

▶ **注 3.3**　ちょっとのカスが出てしまうものの，「左連続」を外すことができる．

ここで，図 3.6 の「有界変動関数の例」を分解してみよう：

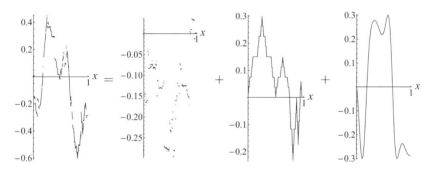

図 3.7

　有界変動関数は，殆ど至る所で微分可能ゆえ，ヘンテコ度数的には低いといえる．しかし，それを微分したときの状況が既習のもの（たいてい C^1 級を仮定している）とは異なってくるため，なかなか厄介な存在ともいえる．嗚呼，C^1 級とはこうも違うのか，C^1 級遥かなり，と嘆きたくなるものの，微分や積分とは何か？という問いに対して真摯に向き合う有益な機会となる．

3.6　高木関数，再び

　前章の $c(x)$ ばかり活躍してズルイ！　ということで，前々章の主役である高木関数 $T(x)$ にも登場してもらおう．$T(x)$ はすべての点で微分できない．つま

りどんなに小さな開区間を選んでも一切微分できない．すなわち，$T(x)$ は如何なる閉区間でも有界変動でない．言い換えれば，$T(x)$ のグラフはどこを摘まみとっても，無限に長い曲線で描かれている．そういう意味では，$T(x)$ は結構酷いヘンテコ具合に見えるが，れっきとした連続関数なのだから跳躍関数などよりはずっとヘンテコではないようにも思える．つまり，ヘンテコの度合いなど曖昧な物であり，万人が満足する順位付けなどできないのだ．しかし安心して欲しい．どちらもヘンテコなことには変わりない！

章末問題

問 3.1 有理数の並べ方 (3.1) について，具体的にどのようなルールが定められているか予想せよ．それに基づき，$-\frac{5}{3}$ が何番目にくるか答えよ．

問 3.2 可算個の有限集合による和集合は高々可算であることを示せ．

問 3.3 3.3 節で触れた関数 $f_2(x)$ の定義にある「1.5^{n-1}」を「2^{n-1}」に置き換えた場合，どのようなことが起きるか答えよ．

問 3.4 3.3 節で触れた関数 $f_3(x)$ が，$x = \frac{1}{2}$ で微分可能であることを証明せよ．

問 3.5 跳躍関数が左連続であることを，ε-δ 論法を用いて証明せよ．

問 3.6 3.4 節で触れた関数 $\mathcal{J}(x)$ について，

$$\lim_{\Delta x \to +0} \frac{\mathcal{J}(x) - \mathcal{J}(x - \Delta x)}{\Delta x} = J(x),$$
$$\lim_{\Delta x \to +0} \frac{\mathcal{J}(x + \Delta x) - \mathcal{J}(x)}{\Delta x} = J(x + 0),$$

が任意の x で成り立つことを，ε-δ 論法を用いて証明せよ．また，$\mathcal{J}(x)$ が $\mathbb{Q} \cap (0, 1)$ の全点で微分できないことを証明せよ．

問 3.7 関数 $y = 4x^2 - 5x + 1$ $(0 \le x \le 1)$ の全変動を求めよ．

問 3.8 関数 $y = \sin(\sin \pi x)$ $(0 \le x \le 1)$ の全変動を求めよ．

問 3.9 $x = 0$ のとき $y = 0$，$0 < x \le 1$ のとき $y = \sin \frac{1}{x}$ とした関数は，有界変動でないことを証明せよ．

問 3.10 定義域と値域が $[0, 1]$ である関数 $y = g(x)$ のうち,「第一種でない不連続点」が可算無限個あるものを一つ挙げよ.

4 章

—脱線— 昆虫と悪戯書き

4.1 虫とり

難しい話が続いたので，この辺で気楽な話をする．パラメータ t による表現

$$\left\{(\cos t, \sin t)\,; 0 \leq t \leq 2\pi\right\}$$

が単位円を表す，ということはよく知られている．自然数 n, m を用いた拡張表現

$$\left\{(\cos mt, \sin nt)\,; 0 \leq t \leq 2\pi\right\}$$

を**リサージュ曲線**という．ちょっと検索すれば，いくらでも関連資料が見つかるよく知られた曲線だが，一応幾つかの例を挙げておこう：

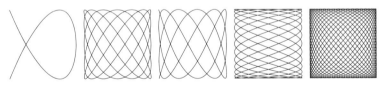

図 4.1

ここでは，リサージュ曲線をもっと一般化してみる．具体的には $4m$ 個の自然数 $a_1, \ldots, a_m, b_1, \ldots, b_m, c_1, \ldots, c_m, d_1, \ldots, d_m$ を用いて，曲線

$$\left\{\left(\cos^{c_1}(a_1 t) + \cdots + \cos^{c_m}(a_m t), \sin^{d_1}(b_1 t) + \cdots + \sin^{d_m}(b_m t)\right)\,; 0 \leq t \leq 2\pi\right\}$$

を考え，その名称を $(a_1, \ldots, a_m \mid b_1, \ldots, b_m \mid c_1, \ldots, c_m \mid d_1, \ldots, d_m)$ で与える．$4m$ 個の自然数をランダムに与え曲線を描いてみると，大抵はぐっちゃぐちゃな無意味なカーブを描くのみである．ところが，たまに興味深いもの（私には昆虫（少なくとも蟲）に見える）が描画されるのだ．試しに $m = 4$ として，ラ

ンダムに 32 個の曲線を描かせてみると

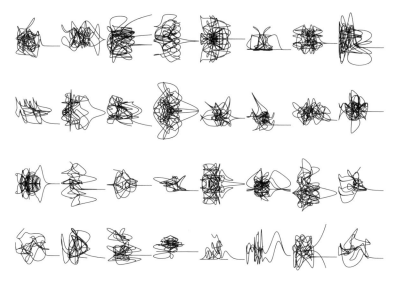

図 4.2

のようになる．殆どはぐっちゃぐちゃだが，1 行 5 列目のようになんだか蝶々のような曲線もある．これを 90 度右回転し拡大してみよう．

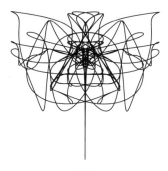

図 4.3

この子の名前は $(9, 13, 14, 15 \mid 9, 15, 12, 6 \mid 12, 12, 2, 4 \mid 9, 13, 5, 9)$ である．

　それでは，以下に印象深い昆虫たちを陳列してみよう．ちなみに，殆どのグラフは 90 度の右回転をしているが，いちいち断らない．

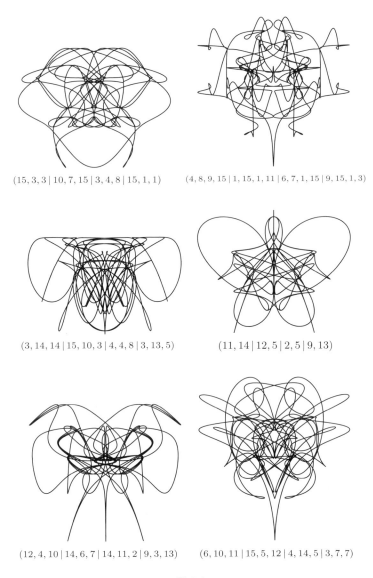

$(15, 3, 3 \,|\, 10, 7, 15 \,|\, 3, 4, 8 \,|\, 15, 1, 1)$

$(4, 8, 9, 15 \,|\, 1, 15, 1, 11 \,|\, 6, 7, 1, 15 \,|\, 9, 15, 1, 3)$

$(3, 14, 14 \,|\, 15, 10, 3 \,|\, 4, 4, 8 \,|\, 3, 13, 5)$

$(11, 14 \,|\, 12, 5 \,|\, 2, 5 \,|\, 9, 13)$

$(12, 4, 10 \,|\, 14, 6, 7 \,|\, 14, 11, 2 \,|\, 9, 3, 13)$

$(6, 10, 11 \,|\, 15, 5, 12 \,|\, 4, 14, 5 \,|\, 3, 7, 7)$

図 4.4

右上にある $(4, 8, 9, 15 \,|\, 1, 15, 1, 11 \,|\, 6, 7, 1, 15 \,|\, 9, 15, 1, 3)$ であるが，パラメータ
を微調整する（ここでは，各成分へ 0 か 6 をランダムに加える）と，さらなる
昆虫たちを捕獲できる：

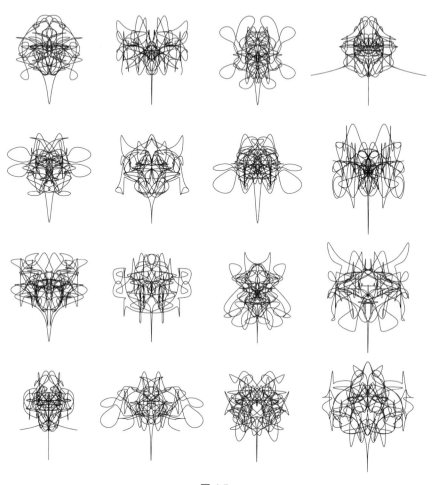

図 4.5

さて，皆さんへ課題を出しておこう：

Q. 「昆虫」のように見えるパラメータの条件は何か？

私にはお手上げの難問である！

4.2 悪戯書き

虫は十分確保できたようなので，少し難しい話をしよう．先ほどの「拡張された リサージュ曲線」は，2 つの有限フーリエ級数を用いた曲線の一種である （フーリエ級数の説明は第 III 部 14.5.1 項にあるが，いますぐ読む必要は無い）．例えば，$(11, 14 \mid 12, 5 \mid 2, 5 \mid 9, 13)$ なんぞは，

$$x \text{ 成分} : \frac{1}{16}\Big(8 + 10\cos(14t) + 8\cos(22t) + 5\cos(42t) + \cos(70t)\Big),$$

$$y \text{ 成分} : \frac{1}{4096}\Big(1716\sin(5t) + 2016\sin(12t) + \cdots + 16\sin(108t)\Big)$$

と書かれる．対して以下では，無限フーリエ級数による曲線

$$x \text{ 成分} : \sum_{n=0}^{\infty} a^n\cos(b^n t), \quad y \text{ 成分} : \sum_{n=0}^{\infty} a^n\sin(b^n t) \quad (0 \leq t \leq 2\pi)$$

を考えよう．ここで，b は自然数とし $0 < a < 1$ を仮定する．

(i) $ab < 1$ の場合

2 つの級数は微分可能であり，曲線の長さも有限である．こういっては何 だが，あまり面白いグラフにならない．

(ii) $ab = 1$ の場合

2 つの級数は連続だが至る所微分不可能である（1 章の Coffee Break を参 照）．試しに $a = \frac{1}{2}$，$b = 2$ としたときの曲線を描いてみよう：

図 4.6

ちょっと複雑そうなグラフが出現した．次に，これの一部を拡大したもの， 具体的には $1.45\pi \leq t \leq 1.85\pi$ に絞って描画したものを見ていただこう．

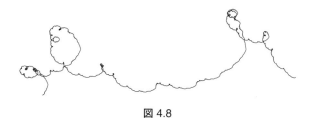

図 4.7

なんだか悪戯書きに見えてきた．さらに細かく，$1.765\pi \leq t \leq 1.835\pi$ としてみる．

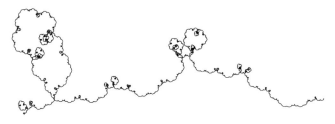

図 4.8

似たような曲線が現れた．以後どれだけ細かくしても，同様のものが果てしなく発生してしまう．この状況を**フラクタル**と呼ぶ．1 章と 3 章での議論を思い起こすと，この曲線自体も，連続だが至る所微分不可能であることと，長さが無限大であることが予測される．

(iii) $ab > 1$ の場合

例えば，$a = \frac{1}{3}$, $b = 4$ かつ $1.85\pi \leq t \leq 1.865\pi$ で描画すると，

図 4.9

のとおりである．これを $1.8548\pi \leq t \leq 1.85615\pi$ の範囲で拡大すると

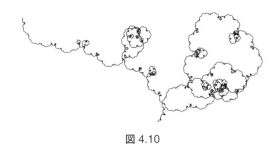

図 4.10

となる．どうやら，拡大すればするほど複雑さが増しているようだ．よく見ると，🌀 のような図形が，大きさを変えながら多数発芽しているではないか！ もっとよく見ると，🌀 の中にも小さい🌀 が入り込んでいる．

3 パターンを数式を用いて比較する

無限フーリエ級数による曲線の x 成分を構成している関数を少し変形すると，自然数 N について

$$\sum_{n=0}^{\infty} a^n \cos(b^n t) = \sum_{n=0}^{N-1} a^n \cos(b^n t) + a^N \sum_{n=0}^{\infty} a^n \cos(b^n b^N t)$$

を得る．これを $x(t) = x_{N-1}(t) + a^N x(b^N t)$ と表そう．

(i) $ab < 1$ のとき，右辺第 2 項は左辺 $x(t)$ より b^N 倍激しい振動をするが，振幅がもっと勢いよく潰れていく．そのため，十分大きい N で有限和 $x_{N-1}(t)$ が支配的となり，「あまり面白くない」カーブを描く．

(ii) $ab = 1$ のとき，右辺第 2 項は $a^N x(t/a^N)$ となるので，振動の増大と振幅の減少が釣り合っている．その結果，$x(t)$ をどれだけ拡大しても似たような曲線がポコポコ発生するのだ．

(iii) $ab > 1$ のとき，$a^N x(b^N t)$ の振幅は爆発的に増大し，もはや振幅の減少は追いつけない．いわば，N が大きくなるにつれ右辺第 2 項が存在感を増していくわけで，拡大すればするほど複雑怪奇な面容となる．

以上の如く，リサージュ曲線をちょっとだけ（？）一般化するだけで，非常に魅力的な作品が浮かび上がる かもしれない．

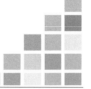

5 章

解析的でない C^∞ 級関数

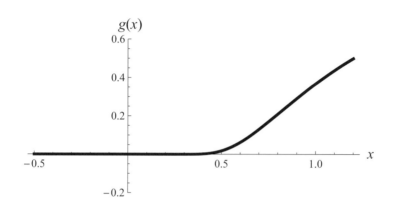

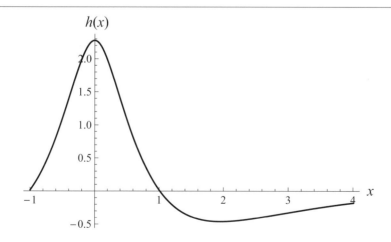

図 5.1

5.1 プロフィール

　これまでの章では微分をたった 1 回するだけでも骨が折れたものだが，ここからしばらくは何回でも微分できる関数，すなわち C^∞ 級関数を扱っていく．昔読んだ中学・高校，もしくは大学教養の教科書を見返せば，そこに登場する殆どの関数は C^∞ 級である．したがって，ごく平凡な関数だと思われる．しかし，C^∞ 級であっても（見かけはそれほどで無いかもしれないが）何らかの意味で十分ヘンテコな関数は存在しているのだ．事実，図 5.1 上の関数 $g(x)$ は歴史的に見ても大ヘンテコであるといってよい．そして下の方は，意外にも，もっともっと突飛な関数といえる．

　さて，$g(x)$ の定義は，

$$x \leq 0 \text{ のとき } g(x) = 0, \quad x > 0 \text{ のとき } g(x) = \exp\left(-\frac{1}{x^2}\right)$$

であり，シンプルなものとなっているが，

- 本当に C^∞ 級なのか？
- なぜヘンテコだといえるのか？

という疑問が湧き起こるだろう．以下ではその 2 点について解説しよう．

5.2 C^∞ であること

　関数 $y = f(x)$ が C^∞ 級であるとは，**すべての点** x **で** $f(x)$ が何回でも微分可能であることを指す．$y = g(x)$ の定義を眺めると $x \neq 0$ では問題無いことがわかるので，原点での検証が中心課題となる．

　まず原点での微分可能性を調べよう．とはいえ，$x \leq 0$ と $x > 0$ でちょうど定義式が変化しているので，どのように微分を実行すべきか躊躇する人もいるだろう．ここでは，不等式

$$t > 0 \text{ と } n = 0, 1, 2, \ldots \text{ に対して，} \quad e^{-t} \leq n!\, t^{-n} \tag{5.1}$$

をうまく適用して進めていく．$n = 1$ とした (5.1) を用いると，$h > 0$ **ならば**

$$0 \leq \left| \frac{g(h) - g(0)}{h} \right| = \frac{e^{-1/h^2}}{h} \leq \frac{1! \, h^2}{h} = h$$

を得る．途中部分を削って少しいじれば，

$$0 \leq \left| \frac{g(h) - g(0)}{h} - 0 \right| \leq |h|$$

となるが，これはもちろん，**すべての** $h \neq 0$ で成立する．したがって，はさみうちの原理から

$$\lim_{h \to 0} \frac{g(h) - g(0)}{h} = 0$$

を得る．すなわち，g の原点における微分可能性と $g^{(1)}(0) = 0$ が得られた．

次に $g^{(2)}(0)$ を求めたい．それには $x > 0$ における微分係数 $g^{(1)}(x)$ の値も知っておく必要があるが，これは直ちに計算でき，

$$g^{(1)}(x) = \begin{cases} 0 & (x \leq 0 \text{ のとき}), \\ \dfrac{2e^{-1/x^2}}{x^3} & (x > 0 \text{ のとき}) \end{cases}$$

となる．そこで $n = 3$ とした (5.1) を用いると，

$$0 \leq \left| \frac{g^{(1)}(h) - g^{(1)}(0)}{h} \right| \leq 12 \, |h|^2 \quad (h \neq 0)$$

なる評価を導き出せるので，はさみうちの原理から $g^{(2)}(0) = 0$ が得られる．

同様に続けていくと，各自然数 n について

$$g^{(n)}(x) = \begin{cases} 0 & (x \leq 0 \text{ のとき}), \\ e^{-1/x^2} P_n \left(\dfrac{1}{x} \right) & (x > 0 \text{ のとき}) \end{cases} \tag{5.2}$$

となることが予想される．ただし，$P_n(t)$ は変数 t の或る $3n$ 次多項式である．この公式が正しければ，g が原点にて何回でも微分可能であることと，$g^{(n)}(0) = 0$ $(n = 0, 1, 2, \ldots)$ であることも導かれる．それでは (5.2) を示しておこう．

$$* \qquad * \qquad *$$

$n=1$ のときは既に示されている．いま自然数 N を固定し，$n=1,2,\ldots,N$ で公式が得られていると仮定する．このとき，$n=2N+1$ とした (5.1) を用いると，$h>0$ ならば

$$0 \le \left| \frac{g^{(N)}(h)-g^{(N)}(0)}{h} \right| = \left| \frac{e^{-1/h^2}}{h} P_N\left(\frac{1}{h}\right) \right|$$

$$\le (2N+1)!\, h^{N+1} \times h^{3N} P_N\left(\frac{1}{h}\right)$$

であることがわかる．右端にある $h^{3N}P_N(1/h)$ は変数 h による高々 $3N$ 次の多項式に等しく，それは $0 \le h \le 1$ の範囲で最大値 M_N をもつ．

▶ **注 5.1** あっさり書いたが，実は「有界閉区間で定義された連続関数は最大値をもつ」という定理を用いている．当たり前に見えるが，そうでない．詳しくは定理 14.11 を参照されたい．ちなみに，I が**有界**区間であるとは，或る正数 R によって $I \subset [-R,R]$ となるときをいう．

したがって $0<h\le 1$ ならば

$$0 \le \left| \frac{g^{(N)}(h)-g^{(N)}(0)}{h} - 0 \right| \le M_N(2N+1)!\,|h|^{N+1}$$

が成り立つが，これは $h<0$ のときでも正しいので，はさみうちの原理から $g^{(N+1)}(0)=0$ を得る．

$x<0$ ならば $g^{(N+1)}(x)=0$ となることは明らかだから，以下では $x>0$ とおく．$g^{(N)}(x)$ を x で微分すると

$$\frac{d}{dx}g^{(N)}(x) = e^{-1/x^2}\left\{ \frac{2}{x^3}P_N\left(\frac{1}{x}\right) - \frac{1}{x^2}P_N'\left(\frac{1}{x}\right) \right\}$$

である．ここで $P_{N+1}(t)=2t^3P_N(t)-t^2P_N'(t)$ とおけば，これは t の $3(N+1)$ 次多項式であり，$g^{(N+1)}(x)=e^{-1/x^2}P_{N+1}(1/x)$ が成り立つ．すなわち，$n=N+1$ のときも (5.2) が真である．数学的帰納法より，任意の n で公式が成り立つことが示された．

＊　　　＊　　　＊

いかがだろうか．これまでの章で現れた証明よりは幾分簡単であろう．とに

かく, g は C^∞ 級であり, 原点における各階数の微分係数 $g^{(1)}(0), g^{(2)}(0), \ldots$ たちが**すべて** 0 となることが判明した. さてこれのどこがヘンテコなのだろうか?

5.3 解析的な関数

さて, 小中高もしくは大学教養の教科書に掲載されている関数を振り返ってみよう. まず, 最初に登場するのは多項式だろう. これは「比例の関係 →1 次関数 →2 次関数 → 多項式」のように概念が拡張されながら年月を費やし紹介される関数である. 分子と分母に多項式が記述された関数は有理関数と呼ばれているが, 反比例の関係はこれの典型例である. 続いて $\sin, \cos, \tan$, つまり三角関数が学ばれる. ひょっとしたら, 指数関数や対数関数を先に知った方もいるかもしれない. 大学に進めば, 逆三角関数, 双曲線関数および逆双曲線関数を勉強するだろう. 意欲的な学生ならばガンマ関数, ベータ関数にも触れたかもしれない. これらの関数たちの共通点は, 前述のとおり C^∞ 級であることだが, それだけではない. どれも定義域内で「テイラー展開」が可能であるということだ.

まず一般に, C^∞ 級関数 $y = f(x)$ は, 次の定理を満たす:

定理 5.1 (テイラーの定理). 開区間 I は f の定義域に含まれるものとする. また, x_0 と x を I の点とする. このとき, 任意の自然数 n に対して或るパラメータ $0 \leq \theta \leq 1$ が存在し

$$f(x) = f(x_0) + f^{(1)}(x_0)(x - x_0) + \frac{f^{(2)}(x_0)}{2!}(x - x_0)^2 + \cdots$$
$$+ \frac{f^{(n)}(x_0)}{n!}(x - x_0)^n$$
$$+ \frac{f^{(n+1)}((1-\theta)x_0 + \theta x)}{(n+1)!}(x - x_0)^{n+1}$$

を満たす.

右辺のうち, 1, 2 行目にある $(n+1)$ 項式を n 次のテイラー多項式といい, 3 行目の項を**剰余項**と呼ぶ.

もしも，$n \to \infty$ のとき剰余項が消えてしまうなら，関数 f は

$$f(x) = f(x_0) + f^{(1)}(x_0)(x - x_0) + \frac{f^{(2)}(x_0)}{2!}(x - x_0)^2 + \cdots$$
$$+ \frac{f^{(n)}(x_0)}{n!}(x - x_0)^n + \cdots$$

のとおり無限次のテイラー多項式（$x = x_0$ におけるテイラー級数という）で表現されることになる．この表現はテイラー展開と名付けられているが，注意すべきは，すべての C^∞ 級関数で成立しているわけではないことだ．言い換えれば，剰余項が $n \to \infty$ としても消えてくれない場合がある．とはいえ，小中高や大学教養の教科書ではそのような関数は殆ど登場しないので，「C^∞ 級関数といえばテイラー展開可能に決まってる」と誤解してしまう人も多い．歴史的にも，

C^∞ 級関数を解析することは，そのテイラー級数を調べることに等しい

と諒解されていた時期もあった．そんな中，1822 年にコーシー (Augustin Cauchy, 1789–1857) は冒頭の関数 $g(x)$ をもって，テイラー展開できない C^∞ 級関数の存在を公表したのだ．以下ではその事実を確認していく．まず，テイラー展開可能性の厳密な定義を与えよう．

定義 5.2. 開区間 I で定義された C^∞ 級関数 $y = f(x)$ が，I の点 x_0 で**テイラー展開可能**（**(実) 解析的**ともいう）であるとは，或る正数 ε が存在し，

- $(x_0 - \varepsilon, x_0 + \varepsilon) \subset I$.
- 開集合 $(x_0 - \varepsilon, x_0 + \varepsilon)$ の任意の点 x に対して，テイラー級数 $\sum_{n=0}^{\infty} \frac{f^{(n)}(x_0)}{n!}(x - x_0)^n$ は収束し，$f(x)$ に一致する．

を満たすときをいう．I の任意の点で解析的であるとき，I で解析的であるという．I で解析的な関数全体の集合を $C^\omega(I)$ と書く．

では C^∞ 級関数 $g(x)$ について調べよう．$x_0 = 0$ におけるテイラー級数は

$$\sum_{n=0}^{\infty} \frac{g^{(n)}(0)}{n!} x^n$$

であるが，$g(0), g^{(1)}(0), \ldots, g^{(n)}(0), \ldots$ たちはすべて 0 であるので，当然級数
は任意の x で 0 へ収束する．一方，$x > 0$ で $g(x)$ は 0 でない．すなわち，正
数 ε をどれだけ小さく選んでも，$(0 - \varepsilon, 0 + \varepsilon)$ の或る点 x で $g(x)$ とテイラー
級数が一致しないものがある．ゆえに，g は点 $x = 0$ でテイラー展開可能でな
いことがわかった．

　"解析的" は英語で analytic と書く．つまり解析的な関数は，そうでない関数
と比べて様々なアプローチで事細かに分析できるチャンスを有している．それ
はテイラー級数という，ちょっと広い意味での多項式に一致していることが原
因である．多項式は，有限回の微分でゼロになってしまうという理由から究極
の滑らかさをもつ．したがって，C^ω の関数はそうではない関数より滑らかと
いえる．

　さて，本章で注目したいのは，やはり「そうではない関数」の方である．こ
れについてもっと掘り下げていこう．

5.4 ジュヴレイ空間

　ここで，解析的であることの言い換えを一つ記しておく．

命題 5.3. 開区間 I で定義された C^∞ 級関数 $y = f(x)$ について，次の
2 つは同値である：

(1) f が I で解析的である．

(2) I に含まれる任意の有界閉区間 $[a, b]$ に対して，或る正定数 C が存
在し
$$\left| f^{(n)}(x) \right| \leq C^{n+1} n! \quad (a \leq x \leq b \quad かつ \quad n = 0, 1, 2, \ldots)$$
を満たす．

　この命題は，

　"解析性" という微分可能性に関する現象は，n 階の微分係数が $n!$ 程度の増大で落ち着いている状況に等しい

という事実を浮かび上がらせる．となると，

　与えられた C^∞ 級関数がどれだけ解析的な関数に近いかは，n 階の微分係数の増大度を調べればよい

と考えるのは自然である．そんな中，1918 年にジュヴレイ (Maurice Gevrey, 1884–1957) によって以下の概念が提唱された：

定義 5.4. I を開区間，σ を 0 以上の指数とする．このとき指数 σ の**ジュヴレイ空間** $G^\sigma(I)$ とは，I 上の C^∞ 級関数 $y = f(x)$ のうち以下を満たすもの全体の集合である：

　I に含まれる任意の有界閉区間 $[a,b]$ に対して，或る正定数 C が存在し

$$\left| f^{(n)}(x) \right| \le C^{n+1} (n!)^\sigma \quad (a \le x \le b \quad \text{かつ} \quad n = 0, 1, 2, \ldots).$$

　階乗 $n!$ は，定数のべき乗 C^n より圧倒的に増大が速い．それが起因して，$\sigma_1 < \sigma_2$ ならば $G^{\sigma_1}(I) \subset G^{\sigma_2}(I)$ を得る．さらに命題 5.3 から，

$$\sigma_1 < 1 < \sigma_2 \quad \text{ならば} \quad G^{\sigma_1}(I) \subset C^\omega(I) \subset G^{\sigma_2}(I)$$

である．すなわち，σ をパラメータとして，C^∞ 級関数たちの滑らかさを分類することが期待できるのだ．例えば，関数 f が非常に 1 に近い $\sigma > 1$ による $G^\sigma(I)$ の関数であるとき，その f は少なくともかなり解析的であるといえよう．一方，$\sigma < 1$ による $G^\sigma(I)$ に属する関数 f は，必ずマクローリン級数

$$f(x) = \sum_{n=0}^\infty \frac{f^{(n)}(0)}{n!} x^n \quad (\text{すべての } x \text{ で})$$

へ一意に拡張される．この性質は教科書でおなじみの関数であっても成り立たない場合がある．

　以上を踏まえて関数 $y = g(x)$ の滑らかさを調べていきたい．本来ならば，先ほ

ど登場した $g^{(n)}(x) = e^{-1/x^2} P_n(1/x)$ なる等式を利用し，$|g^{(n)}(x)| \leq C^{n+1}(n!)^\sigma$ を満たすような σ を見つけ出したいところである．しかしながら，多項式 $P_n(x)$ の全貌が不明であり，手間がかかりそうだ．ここでは複素解析の力を利用しよう．$g(x)$ は $x > 0$ ならば解析的であるため，**グルサの定理**が適用でき，

$$g^{(n)}(x) = \frac{n!}{2\pi} r^{-n} \int_{-\pi}^{\pi} e^{-in\theta} e^{-(re^{i\theta}+x)^{-2}} d\theta \quad (0 < r < x)$$

を得る．ここで，i は虚数単位である．また，グルサの定理そのものと上記等式の詳細については，定理 14.19 と例 14.5 を見ていただきたい．

以下では，**オイラーの公式** $e^{i\theta} = \cos\theta + i\sin\theta \ (\theta \in \mathbb{R})$（証明が例 14.3 にあるが，いますぐ読む必要は無い）を断りなく使っていく．$x > 0$ を固定し $r = \frac{x}{2}$ とおくと，$|e^{i\theta}| = 1$ から，

$$\left| g^{(n)}(x) \right| \leq \frac{n!}{2\pi} r^{-n} \int_{-\pi}^{\pi} \left| e^{-in\theta} e^{-(re^{i\theta}+x)^{-2}} \right| d\theta$$

$$= \frac{n!}{2\pi} \left(\frac{2}{x} \right)^n \int_{-\pi}^{\pi} \left| e^{-4x^{-2}(e^{i\theta}+2)^{-2}} \right| d\theta$$

を得る．ここで $-\pi \leq \theta \leq \pi$ に対して

$$(e^{i\theta} + 2)^{-2} = \frac{4\cos\theta + \cos 2\theta + 4}{(4\cos\theta + 5)^2} - i \frac{2\sin\theta(\cos\theta + 2)}{(4\cos\theta + 5)^2}, \tag{5.3}$$

$$\frac{4\cos\theta + \cos 2\theta + 4}{(4\cos\theta + 5)^2} \geq \frac{1}{9} \tag{5.4}$$

となるから，

$$\left| g^{(n)}(x) \right| \leq \frac{n!}{2\pi} \left(\frac{2}{x} \right)^n \int_{-\pi}^{\pi} e^{-4x^{-2}/9} d\theta = n! \left(\frac{2}{x} \right)^n e^{-4x^{-2}/9}$$

を得る．$n \geq 1$ ならば，最右辺の値は $x = \sqrt{\frac{8}{9n}}$ のとき最大となり，

$$\left| g^{(n)}(x) \right| \leq 3^n (2e)^{-n/2} n^{n/2} n!$$

が成り立つ．さらに (5.1) から得られる不等式 $n^n e^{-n} \leq n!$ を用いると，

$$\left| g^{(n)}(x) \right| \leq \left(\frac{3}{\sqrt{2}} \right)^{n+1} (n!)^{3/2}$$

を得る. これ自体は $n = 0$ や $x \leq 0$ でも正しいので, g はジュヴレイ空間 $G^{3/2}(\mathbb{R})$ に属することが示された.

これまでの議論を改良すると, パラメータ $\alpha > 0$ が付いた関数

$$g_\alpha(x) = \begin{cases} 0 & (x \leq 0 \text{ のとき}), \\ \exp\left(-\dfrac{1}{x^\alpha}\right) & (x > 0 \text{ のとき}) \end{cases}$$

は解析的ではないがジュヴレイ空間 $G^{1+1/\alpha}(\mathbb{R})$ の元であることが示される. 特に, 各 $\sigma > 1$ に対して

$x \leq 0$ で恒等的に 0 で, $x > 0$ で正値をとるような $G^\sigma(\mathbb{R})$ の関数

の存在が保証された. 一方で, $\sigma \leq 1$ のときは上のような関数は**存在しない**(前節の説明を参考にしてみよう).

数学の本としては宜しくないのだが, 少々いい加減なコメントを残しておく. 解析的であるとは, C^∞ 級関数の中でも特に滑らかな状況を指しており, いわば "天然由来なカーブ" を浮かび上がらせる. となれば, 「途中までまっすぐで, ある地点からグイッと曲がっている」という $y = g_\alpha(x)$ のグラフは, ちょっと不自然なものに見える. しかし, α をどんどん大きくしていけば, "自然なカーブ" に到達はしないけれどもギリギリまで近づけられるのだ. 以上のような考察はジュヴレイ空間を手掛かりに得られるものであり, とりわけ各階の微分係数たちの増大を調べることが鍵となる.

•••••••••••••••••••••••••••••••• **Coffee Break** ••••••••••••••••••••••••••••••••

ジュヴレイ空間は C^∞ 級関数の滑らかさを分類するツールとして, 微分方程式論等で重宝されている. ところで, $\sigma > 1$ による $G^\sigma(\mathbb{R})$ たちは, 解析的でない C^∞ 級関数たちすべてを呑み込んでいるのだろうか? 具体的には

- σ をどれだけ大きくとっても, $G^\sigma(\mathbb{R})$ に属さない C^∞ 級関数は存在するか?

- すべての $\sigma > 1$ に対して $G^\sigma(\mathbb{R})$ に属する関数は解析的か？

という疑問に（ちょっとテクニカルに進めるが）答えよう.

関数 $h(x)$ を,

$$h(x) = \int_0^\infty \cos(xt)e^{-\log^2 t}dt$$

によって与える. ただし, $\log^2 t = (\log t)^2$ とした. 実は図 5.1 の 2 つ目のグラフの正体はこれである. もう少し描画領域を広げてみよう：

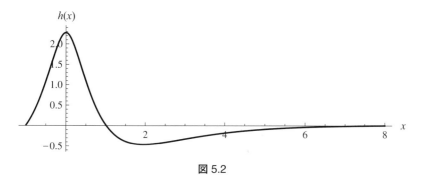

図 5.2

ここで, 被積分関数 $\cos(xt)e^{-\log^2 t}$ とその導関数たちの減衰レートが十分速いため, 微分記号と積分記号は何度でも自由に交換できることに注意する（☞詳しくは, 定理 14.22 を参照）. したがって, h は C^∞ 級であり,

$$h^{(n)}(x) = \int_0^\infty \cos^{(n)}(xt)\, t^n e^{-\log^2 t}dt \quad (n = 0, 1, 2, \ldots)$$

を得る. しばらくの間 n は正の偶数としよう. このとき不等式

$$e^{(n-1)/2} \le t \le e^{(n+1)/2} \quad \text{ならば} \quad t^n e^{-\log^2 t} \ge e^{(n^2-1)/4} \tag{5.5}$$

から,

$$\left| h^{(n)}(0) \right| = \int_0^\infty t^n e^{-\log^2 t}dt \ge \int_{e^{(n-1)/2}}^{e^{(n+1)/2}} t^n e^{-\log^2 t}dt$$
$$\ge (e-1)e^{(n-1)/2}e^{(n^2-1)/4}$$

が成り立つ. 実はこの時点で, h はどのような $G^\sigma(\mathbb{R})$ にも属さないことがわかる.

＊　　　＊　　　＊

背理法で証明しよう. もし或る $\sigma > 1$ のときに h が $G^\sigma(\mathbb{R})$ に属しているのなら, 少なくとも $|h^{(n)}(0)| \le C^{n+1}(n!)^\sigma$ (C は n に依存ぜずに与えられる正定数) という不等式が成り立つはずである. $n! \le n^n = e^{n\log n}$ に注意すると, $(e-1)e^{(n-1)/2}e^{(n^2-1)/4} \le C^{n+1}e^{\sigma n\log n}$ を得る. ところが偶数 n を無限大に飛ばしてみると, どれだけ大きい C を選んでおいても左辺が右辺を凌駕してしまい矛盾する.

＊　　　＊　　　＊

ということで, 一つ目の疑問の答えは Yes となる. 残念ながら, ジュヴレイ空間だけでは C^∞ 級関数たちすべてを囲い込むことはできないのだ.

次に, 関数 $u(x)$ を,

$$u(x) = \int_e^\infty \cos(xt)e^{-t/\log t}dt$$

によって与える. 一応グラフを載せておこう：

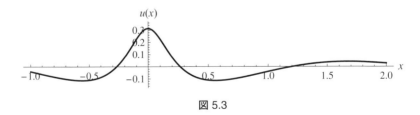

図 5.3

この関数も C^∞ 級であり

$$u^{(n)}(x) = \int_e^\infty \cos^{(n)}(xt)\,t^n e^{-t/\log t}dt \quad (n = 0, 1, 2, \ldots)$$

という形で書かれる. ここで, 対数関数はすべての正冪よりずっと増大が遅い, という性質を使う. より詳しくは不等式

$$\alpha > 0 \text{ かつ } t \geq e \quad \text{ならば} \quad 1 < \log t \leq (1 + 1/\alpha)e^{-\alpha}t^{\alpha} \quad (5.6)$$

を用いる．いま $\sigma > 1$ を任意に選ぶ．$\alpha = 1 - 1/\sigma$ とした (5.6) を用いると，

$$t^n e^{-t/\log t} \leq t^n e^{-Kt^{1/\sigma}} \quad (t \geq e,\ n = 0,1,2,\dots)$$

を得る．ただし，K は t に依らずに決められる正定数である．右辺を積分したものは，ガンマ関数によって

$$\int_e^{\infty} t^n e^{-Kt^{1/\sigma}} dt < \int_0^{\infty} t^n e^{-Kt^{1/\sigma}} dt = \sigma K^{-\sigma(n+1)} \Gamma(\sigma(n+1))$$

と評価される．ガンマ関数については，ベータ関数との関係式とスターリングの公式（10 章の実質的主役）から，$n \geq 1$ ならば

$$\Gamma(\sigma(n+1)) = \Gamma(\sigma n + 1 + \sigma - 1) = \frac{\Gamma(\sigma n + 1)\Gamma(\sigma - 1)}{B(\sigma n + 1, \sigma - 1)}$$
$$\leq \frac{\Gamma(\sigma - 1)\sqrt{2\pi\sigma n}\,(\sigma n)^{\sigma n} e^{-\sigma n} e^{1/(12\sigma n)}}{\int_0^{1/2} (1-t)^{\sigma n}\, t^{\sigma-2} dt}$$
$$\leq e\, 2^{\sigma-1}\Gamma(\sigma)\sqrt{2\pi\sigma}\sqrt{n}\,(2\sigma)^{\sigma n}(n^n e^{-n})^{\sigma}$$
$$\leq e\, 2^{\sigma-1}\Gamma(\sigma)\sqrt{2\pi\sigma} \left(\sqrt{2}(2\sigma)^{\sigma}\right)^n (n!)^{\sigma} \quad (5.7)$$

とできるので，結局或る正定数 C により

$$\left| u^{(n)}(x) \right| \leq C^{n+1}(n!)^{\sigma} \quad (n = 0,1,2,\dots)$$

となる．したがって任意の $\sigma > 1$ に対して，u は $G^{\sigma}(\mathbb{R})$ の関数であることがわかった．

　それでは，$G^1(\mathbb{R})$ ではどうだろうか？「解析的にならないから u を取り上げたんだろ」と突っ込まれそうだが，ここは落ち着いて考えてみて欲しい．n を正の偶数とするとき，

$$\left| u^{(n)}(0) \right| = \int_e^{\infty} t^n e^{-t/\log t} dt$$

となる．普段からガンマ関数に慣れ親しんでいると，右辺の定積分は $C^{n+1}n!$

より僅かに増大が速いものと推測できる. 例えば $(\log n)^{n+1}n!$ のようなものだ. それを踏まえ試行錯誤していくと, $n \geq 3$ で

$$\int_e^\infty t^n e^{-t/\log t} dt \geq \int_{n\log n}^{2n\log n} t^n e^{-t/\log t} dt$$

$$\geq \int_{n\log n}^{2n\log n} (n\log n)^n e^{-2n\log n/\log(n\log n)} dt$$

$$= n^{n+1}(\log n)^{n+1} e^{-2n} \exp\left(\frac{2n\log\log n}{\log n + \log\log n}\right) \geq \left(\frac{\log n}{e^2}\right)^{n+1} n! \quad (5.8)$$

のような評価を得る. まとめると,

$$\left|u^{(n)}(0)\right| \geq \left(\frac{\log n}{e^2}\right)^{n+1} n! \quad (n = 4, 6, 8, \dots)$$

となり, u は $G^1(\mathbb{R})$ に属さない, すなわち解析的でないことがわかった. ゆえに 2 つ目の疑問の答えは No である. つまり, $\sigma > 1$ たる $G^\sigma(\mathbb{R})$ すべてに属する一方で解析的でない関数は存在する.

以上のとおり, C^∞ 級関数たちの滑らかさをとことん追求していくと, ジュヴレイ空間だけでは物足りなくなってしまうのだ. したがって, 研究内容によっては, もっとマニアックな関数空間を用意し対処していくことになる.

章末問題

問 5.1 不等式 (5.1) を証明せよ.

問 5.2 関数 $y = g_\alpha(x)$ $(\alpha > 0)$ が C^∞ 級であることを証明せよ.

問 5.3 関数

$$y = f(x) = \begin{cases} \exp(-\tan^2 x) & (|x| < \pi/2 \text{ のとき}), \\ 0 & (|x| \geq \pi/2 \text{ のとき}) \end{cases}$$

が C^∞ 級であることを証明せよ.

問 5.4 I を開区間とする. $\sigma_1 < \sigma_2$ ならば $G^{\sigma_1}(I) \subset G^{\sigma_2}(I)$ であることを証明せよ.

問 5.5 等式 (5.3) と不等式 (5.4) を証明せよ.

問 5.6 関数 $y = g_\alpha(x)$ $(\alpha > 0)$ がジュヴレイ空間 $G^{1+1/\alpha}(\mathbb{R})$ に属することを示せ（ヒント：$\alpha = 2$ のときの証明が参考になる）.

問 5.7 不等式 (5.5) と (5.6) を証明せよ.

問 5.8 $\alpha > 1$ とし，関数 $f(x)$ を，

$$f(x) = \int_1^\infty \sin(xt) e^{-\log^\alpha t} dt$$

によって与える．このとき，$f(x)$ はどのような $G^\sigma(\mathbb{R})$ にも属さないことを示せ.

問 5.9 $\alpha > 0$ とし，関数 $f(x)$ を，

$$f(x) = \int_0^\infty \sin(xt) e^{-|t|^\alpha} dt$$

によって与える．このとき，$f(x)$ は $G^{1/\alpha}(\mathbb{R})$ に属することを示せ.

問 5.10 不等式 (5.7) と (5.8) を証明せよ.

問 5.11 $\sigma \geq 0$ について，$G^\sigma(\mathbb{R})$ は関数の積演算を保存すること，すなわち $f(x)$ と $g(x)$ が $G^\sigma(\mathbb{R})$ の関数ならば $y = f(x)g(x)$ も $G^\sigma(\mathbb{R})$ に属することを証明せよ（ヒント：ライプニッツ則

$$\frac{d^n}{dx^n}(f(x)g(x)) = \sum_{m=0}^n \frac{n!}{m!\,(n-m)!} f^{(m)}(x)\, g^{(n-m)}(x)$$

を使用せよ）.

6章

隆起関数

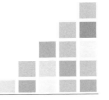

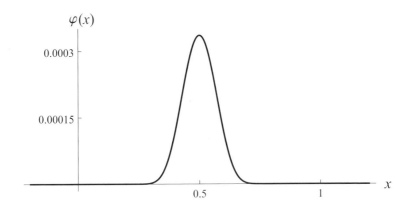

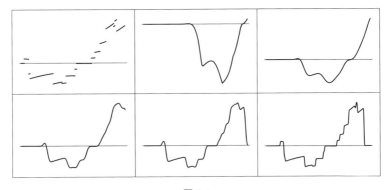

図 6.1

6.1 プロフィール

　この章でも C^∞ 級関数を扱っていくが，どれも有界な領域のみで変動しているものばかりだ．もう少し詳しく述べると，或る有界閉区間 I があって，I の外では恒等的にゼロとなっている．このようなものは隆起関数と呼ばれるが，前章に引き続き，なんだか違和感を与えるものかも知れない．というのも，これらは解析的にならないからである．頑張れば解析的寸前までいけるのだが，やっぱりダメなのである．

　しかしながら，この少しヘンテコかもしれない関数は，多くの数学的分野で不可欠な道具となっている．例えば，かなり一般の関数 $y = f(x)$ （連続性すら問わない）は，或る隆起関数列 $\phi_1(x), \phi_2(x), \ldots, \phi_n(x), \ldots$ によって

$$\lim_{n \to \infty} \int_{-\infty}^{\infty} |f(x) - \phi_n(x)| dx = 0$$

とできる．つまり，全然滑らかじゃないガタガタの関数でも，極めてお行儀のよい関数へ近似できるのだ．この近似を応用し，

　　$f(x)$ 自体の解析が困難であっても，代わりに近似関数 $\phi_n(x)$ を調べたうえで $n \to \infty$ を施して $f(x)$ を知る

ということを現代解析では常用している．

　さて，図 6.1 下半分に隆起関数を用いた近似のイメージを載せている．左上にあるのは閉区間 $[-1, 1]$ で描かれた或る不連続関数である．その隣は隆起関数であるが，順々に目を移していくと，元の不連続関数に近づいていくことがわかる．では，隆起関数をどのように応用して近似関数を作ったのだろうか．本章の後半で説明しよう．

6.2 C_c^∞

　今回の主役の定義をしっかり与える：

定義 6.1. 実数の変数による C^∞ 級関数 $y = \phi(x)$ が**隆起関数**であるとは，或る正数 $R > 0$ によって

$$|x| > R \text{ ならば } \phi(x) = 0$$

を満たすときをいう.

　隆起関数全体の集合を C_c^∞ と書く. 小文字の c はコンパクトの意であり, 何がコンパクトなのかとか, そもそもコンパクトとは何ぞや, 等といろいろ疑問が起きてしまうかもしれないが, いまは話を進めよう.

　恒等的にゼロな関数(以下ゼロ関数と呼ぼう)はもちろん C_c^∞ の関数であるが, それ以外で存在するのかといえば, 答えは Yes である. C^∞ 級関数 $g(x)$ を,

$$x \leq 0 \text{ で } g(x) = 0, \ x > 0 \text{ で } g(x) > 0$$

を満たすものとしよう. このような $g(x)$ が存在することは前章で述べたとおりである. このとき,

$$\varphi(x) = g(x)g(1-x)$$

としてしまえば, これは

$$0 < x < 1 \text{ で } \varphi(x) > 0, \text{ それ以外の } x \text{ で } \varphi(x) = 0$$

となる C^∞ 級関数である. つまり $\varphi(x)$ は隆起関数なのだ. 例えば, 前章で定めた $g(x)$ を用いると, $0 < x < 1$ ならば

$$\varphi(x) = \exp\left(-\frac{1}{x^2}\right)\exp\left(-\frac{1}{(1-x)^2}\right) = \exp\left(-\frac{2x^2-2x+1}{x^2(1-x)^2}\right)$$

となり, これはジュヴレイ空間 $G^{3/2}(\mathbb{R})$ に属する. ちなみに図 6.1 は, この隆起関数のグラフである.

　関数空間 C_c^∞ は様々な演算について閉じている. $\phi(x), \phi_1(x), \phi_2(x)$ がその空間に属していれば, 定数倍 $\alpha\phi(x)$, 足し算 $\phi_1(x) + \phi_2(x)$, そして掛け算 $\phi_1(x)\phi_2(x)$ も属している. また各階の導関数 $\phi^{(n)}(x)$ も然りである. そして, 微分方程式の教科書で登場する**合成積**

$$(\phi_1 * \phi_2)(x) = \int_{-\infty}^\infty \phi_1(x-z)\phi_2(z)dz$$

も C_c^∞ のメンバーである．隆起関数たちがこのような演算に耐えられることは非常にありがたく，本来考えたいものの代わりにいろいろな試験（テスト）を受けることがしばしばある．それゆえ，隆起関数を**テスト関数**と呼ぶことも多い．

それでは，幾つかの隆起関数を描いてみよう：

その1

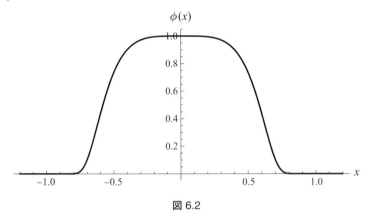

図 6.2

$0 < x < 1$ で $\phi(x) = \exp\left(-\tan^2 \frac{\pi x}{2}\right) \sec^2 \frac{\pi x}{2}$ とし，それ以外では $\phi(x) = 0$ とした関数 ϕ は，三角関数と指数関数の単純な組合せで作られている．sec が無いほうがもっと単純だが，あれば定積分が簡単に計算できる：

$$\int_{-1}^{1} \phi(x)dx = \frac{2}{\pi} \int_{-\infty}^{\infty} e^{-t^2} dt = \frac{2}{\sqrt{\pi}}.$$

その2

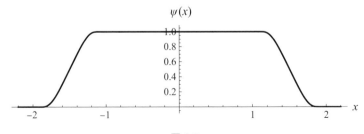

図 6.3

こちらの $y = \psi(x)$ は，値域が $0 \leq y \leq 1$ となっている偶関数であり，閉区間 $[-1, 1]$ 上では定数関数 $y = 1$ に等しく，開区間 $(-2, 2)$ の外では $y = 0$ である（問 6.5 参照）．実は，もっと一般に

> コンパクト集合 A と空でない閉集合 B が共通点をもたないとき，A の上で $y = 1$，B の上で $y = 0$ となる C^∞ 級関数が存在する

ということ（C^∞ 版**ウリゾーンの補題**と呼ばれる）がわかる．ただし，**閉集合**とは，「或る高々可算個の閉区間たちによる共通部分」で表現されるものであり，

- 閉区間は閉集合．
- 「有限個の閉集合たちによる和集合」も閉集合．

を満たしている．また，**コンパクト集合**とは，有界な閉集合のことを指す．例えば，コンパクト集合 A での指示関数（$x \in A$ ならば 1，$x \in \mathbb{R} \setminus A$ ならば 0 をとる関数のこと．A が空でない限り必ず不連続関数となる）を考える代わりに，

> A で $y = 1$ をとり，A から一定距離以上離れているすべての点 x で $y = 0$ となる C^∞ 級関数

を採用することがある．

その 3

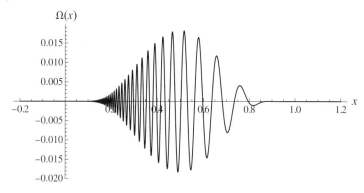

図 6.4

$0 < x < 1$ で $\Omega(x) = \sin\left(\frac{30}{x}\right)\exp\left(-\frac{1}{x} - \frac{1}{1-x}\right)$ とし，それ以外で $\Omega(x) = 0$ とした関数 Ω は，$0 < x < 1$ の範囲でも無限個のゼロ点（$\Omega(x) = 0$ たる x のこと）をもつ．特に $x = 0$ 付近では，いくら拡大しても無限回振動するグラフが現れる．Ω に微分を繰り返していくと最大値が結構な勢いで増大していくが，飽くまでも C_c^∞ の関数である．

6.3　隆起関数の滑らかさ

隆起関数には一つ残念なところがある．ゼロ関数以外は解析的でないのだ．前章の内容を思い出していただくと，上記 $\varphi(x)$ の場合は容易に説明できるだろう．一般の場合もちょっとひと汗かくけれども似たように示せる．

＊　　　　＊　　　　＊

ゼロ関数でない隆起関数 $\phi(x)$ を任意に選ぶ．このとき，

$$x > r \text{ ならば } \phi(x) = 0$$

となる実数 r が存在する．言い換えれば集合

$$A = \{r\,;\,\text{すべての } x > r \text{ で } \phi(x) = 0\}$$

は空でない．このとき，A は最小値 L をもつ．

> ▶ **注 6.1**　上界と上限という用語を理解している人向けに理由を述べる．A は，空でない集合 $B = \{b\,;\,\phi(b) \neq 0\}$ における上界全体の集合である．連続の公理から B には上限 $\sup B$ が存在するが，これこそ L に他ならない．上界と上限については，第 III 部 14.1 節に解説を載せた．

この L を用いると，

(1) $x \geq L$ ならば $\phi(x) = 0$.

(2) $x < L$ ならば，$x < z < L$ たる z のうち $\phi(z) \neq 0$ となるものが存在する．

の 2 つが成り立つ．さて，$\phi(x)$ は $x = L$ で微分可能である．言い換えれば微分係数 $\phi^{(1)}(L)$ が定まっている．極限が存在するとき，それは右極限と等しく

なるので

$$\phi^{(1)}(L) = \lim_{h \to 0} \frac{\phi(L+h) - \phi(L)}{h} = \lim_{h \to +0} \frac{\phi(L+h) - \phi(L)}{h}$$
$$= \lim_{h \to +0} \frac{0 - 0}{h} = 0$$

となる. $x > L$ ならば $\phi^{(1)}(x) = 0$ となることは明らかであるので，(1) における ϕ は $\phi^{(1)}$ に置き換えてよいことがわかる. $\phi(x)$ が C^∞ 級であるため，この議論は繰り返すことができ，結局，$x = L$ における全階数の微分係数が 0 となる.

もし $\phi(x)$ が解析的ならば，或る正数 ε によって，

$$\phi(x) = \sum_{n=0}^{\infty} \frac{\phi^{(n)}(L)}{n!}(x - L)^n = 0 \quad (L - \varepsilon < x < L + \varepsilon)$$

となる. ところがこれは性質 (2) と反するので矛盾である. ゆえに解析的でない.

＊　　　　＊　　　　＊

では，隆起関数はどこまで滑らかにできるのだろうか. ジュヴレイ空間でいえば，任意の $\sigma > 1$ における $G^\sigma(\mathbb{R})$ に属するようなゼロ関数でない隆起関数は存在するのか？という疑問である. これは Yes である. 例えば，

$$h(x) = \begin{cases} \exp\Big(-\exp(\log^2 x) - \exp(\log^2(1-x))\Big) & (0 < x < 1 \text{ のとき}) , \\ 0 & (\text{それ以外}) \end{cases}$$

が挙げられる.

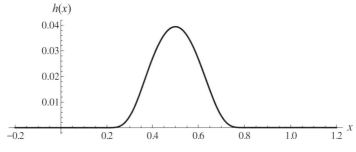

図 6.5

是非とも証明を載せたいのだが，非常に細かい計算の連続であり面白みに欠けるので，泣く泣く省略する．

6.4 軟化作用素

さて冒頭で述べたとおり，"かなり一般の"関数は隆起関数列で近似することができる．鍵となるのは，実は，先ほどさりげなく登場させた合成積である．話は長くなるがお付き合いいただければ幸いである．

以後 $y = f(x)$ は，

$$\int_{-\infty}^{\infty} |f(x)| dx < \infty$$

を満たす関数とする．この積分は，本当はルベーグ積分（☞ 第 III 部 14.4 節参照）というものだが，何をいっているかわからない場合は，とりあえず大学教養で学ぶ広義積分と考えてよい．この条件は，

或る正数 C と δ が存在し，$|f(x)| \leq C(1 + |x|)^{-1-\delta}$ を満たし，有限個の点を除いて連続である

ような関数を許容するので，なかなか緩い条件といえる．また，$y = \rho(x)$ を隆起関数とし，さらに

- $|x| \leq 1 \Longrightarrow \rho(x) = 1$,
- $1 < |x| < 2 \Longrightarrow 0 < \rho(x) < 1$,
- $|x| \geq 2 \Longrightarrow \rho(x) = 0$,
- 各 x で $\rho(x) = \rho(-x)$

という条件を加える．このような $\rho(x)$ の例は既に登場していることを思い出そう．正のパラメータ ε に対して，

$$\rho^{\varepsilon}(x) = \rho(\varepsilon x) \quad \text{と} \quad \rho_{\varepsilon}(x) = \left(\int_{-2}^{2} \rho(x) dx\right)^{-1} \varepsilon^{-1} \rho\left(\frac{x}{\varepsilon}\right)$$

を定める．試しに $\rho(x), \rho_{0.7}(x), \rho_{0.5}(x), \rho_{0.2}(x)$ を重ねてみよう：

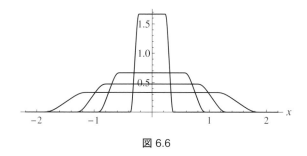

図 6.6

重要なことは,

($\rho1$) すべての x に対して $\displaystyle\lim_{\varepsilon\to+0}\rho^{\varepsilon}(x)=1$,

($\rho2$) すべての ε に対して $\displaystyle\int_{-\infty}^{\infty}\rho_{\varepsilon}(z)dz=1$

が成立することである. 以上の設定に基づき, 近似関数を構成することができる:

定理 6.2. 正のパラメータ ε に対して, x を変数とする関数

$$f_{\varepsilon}(x)=\rho^{\varepsilon}(x)\left(f*\rho_{\varepsilon}\right)(x)=\rho^{\varepsilon}(x)\int_{-\infty}^{\infty}f(x-z)\rho_{\varepsilon}(z)dz$$

を定める. このとき, 各 $\varepsilon>0$ で f_{ε} は隆起関数であり,

$$\lim_{\varepsilon\to+0}\int_{-\infty}^{\infty}|f(x)-f_{\varepsilon}(x)|dx=0$$

を得る.

さて定理の証明であるが, 数学的にスキのないものとなると, かなりの準備が必要であり本書の趣旨には沿わなくなってしまう. ということで, 以下ではスキだらけの証明を与えるが, 直観的には難しくないだろう:

＊　　　　＊　　　　＊

(Step 1) そもそも $f_{\varepsilon}(x)$ は隆起関数なのだろうか. それを知るためには, $f*\rho_{\varepsilon}$ が C^{∞} 級であることをいえばよい. まず合成積

$$(f * \rho_\varepsilon)(x) = \int_{-\infty}^{\infty} f(x-z)\rho_\varepsilon(z)dz \underset{\text{変数変換}}{=} \int_{-\infty}^{\infty} f(z)\rho_\varepsilon(x-z)dz$$

を眺めてみる。もし微分記号 $\frac{d}{dx}$ が積分記号を透過できたならば，すなわち

$$\frac{d}{dx}\int_{-\infty}^{\infty} f(z)\rho_\varepsilon(x-z)dz = \int_{-\infty}^{\infty} f(z)\frac{\partial}{\partial x}\rho_\varepsilon(x-z)dz$$

となるならば，$f * \rho_\varepsilon$ は微分可能であり $(f * \rho_\varepsilon)' = f * (\rho_\varepsilon)'$ となる。関数 ρ_ε は大変お行儀のよい関数であるので，ルベーグ積分論によって上の記号交換は成立し，しかもそれは何回でも実行できるのだ（☞ 定理 14.22）。つまり，めでたく $f * \rho_\varepsilon$ が C^∞ 級であることがわかった。

(Step 2) x を固定する。合成積の定義と性質 $(\rho 2)$ から

$$f(x) - (f * \rho_\varepsilon)(x) = f(x)\int_{-\infty}^{\infty}\rho_\varepsilon(z)dz - \int_{-\infty}^{\infty} f(x-z)\rho_\varepsilon(z)dz$$

$$= \frac{\varepsilon^{-1}}{\int_{-2}^{2}\rho(z)dz}\int_{-\infty}^{\infty}(f(x)-f(x-z))\rho(z/\varepsilon)dz$$

を得る。ここで変数変換 $z/\varepsilon = u$ を施すと，$dz = \varepsilon du$ となるので，最後の項は

$$C\int_{-2}^{2}(f(x)-f(x-\varepsilon u))\rho(u)du \quad \left(C = \frac{1}{\int_{-2}^{2}\rho(z)dz} \text{ とした}\right)$$

に一致する。したがって，

$$|f(x) - (f * \rho_\varepsilon)(x)| \le C\int_{-2}^{2}|f(x)-f(x-\varepsilon u)|\rho(u)du$$

すなわち

$$\int_{-\infty}^{\infty}|f(x)-(f*\rho_\varepsilon)(x)|\,dx \le C\int_{-\infty}^{\infty}\int_{-2}^{2}|f(x)-f(x-\varepsilon u)|\rho(u)dudx$$

を得る。右辺の積分順序を変更しておこう（定理 14.25 によって変更可能）：

$$\int_{-\infty}^{\infty}\int_{-2}^{2}|f(x)-f(x-\varepsilon u)|\rho(u)dudx$$

$$= \int_{-2}^{2}\rho(u)\int_{-\infty}^{\infty}|f(x)-f(x-\varepsilon u)|\,dxdu.$$

さて，ルベーグ積分論（具体的には定理 14.23 である）を駆使することで，すべての点 u で

$$\lim_{\varepsilon \to +0} \int_{-\infty}^{\infty} |f(x) - f(x - \varepsilon u)| \, dx = 0$$

を得る．

▶ **注 6.2**　この極限は，f が連続でなくとも成立する．むしろ，f の滑らかさよりも可積分性が鍵となる．

さらに，この極限操作は積分記号 $\int_{-2}^{2} \cdot du$ を透過することができ（☞ 定理 14.21），結局

$$\lim_{\varepsilon \to +0} \int_{-\infty}^{\infty} |f(x) - (f * \rho_\varepsilon)(x)| \, dx = 0$$

が成立する．

(Step 3) 本来は

$$\lim_{\varepsilon \to +0} \int_{-\infty}^{\infty} |f(x) - \rho^\varepsilon(x)(f * \rho_\varepsilon)(x)| \, dx = 0$$

を所望しているが，先ほどの極限と性質 $(\rho 1)$，そしてまたもやルベーグ積分論のおかげでこれも問題なく得られる．以上でスキだらけの証明が完了した．

$$* \qquad * \qquad *$$

滑らかとは限らない関数 $f(x)$ を，C^∞ 級の近似関数 $(f * \rho_\varepsilon)(x)$ に対応させる操作

$$\mathcal{M}_\varepsilon : f \mapsto f * \rho_\varepsilon$$

を**フリードリックスの軟化作用素**という．また，これの中核を成す関数 $\rho(x)$ を**軟化子**と呼ぶ．軟化子としていろいろな隆起関数を選ぶことができ，それに応じて軟化作用素が変化することはいうまでもない．とはいえ，「一般の関数を滑らかにする」という最も重要なミッションには影響がない．

冒頭で似たようなことを述べたが，

$f(x)$ 自体の解析が困難であっても，代わりに近似隆起関数 $f_\varepsilon(x)$ を調べた
うえで $\varepsilon \to +0$ を施して $f(x)$ を知る

という手法（density argument（直訳すると稠密論法）という）が現代解析では必須のものとなっている．この手法の根本となっているのは，もちろん上記の定理である．既に散々書いたとおり，定理の証明にはルベーグ積分論が不可欠である．ひょっとしたら，「解析学を学ぶためには，兎にも角にもルベーグ積分論が必須である」と聞いたことがあるかもしれない．これは正解であり，今回の話も含め現代解析の様々な分野に対して，ルベーグ積分論がみっちり入り込んでいる．幸い我が国には素晴らしいテキストがたくさん存在しているので，是非勉強していただきたい（…あ，もちろんこの積分論を知らなくても人生は楽しいし，この本は読めるので焦らなくてよいです）．

······························· **Coffee Break** ·······························

関数空間

$$X = \left\{ f : \mathbb{R} \to \mathbb{R} \, ; \, f \text{ は連続で } \int_{-\infty}^{\infty} |f(x)| dx < \infty \right\}$$

においては，合成積は演算として閉じている．つまり，f, g が X の関数であるとき，$f * g$ もそうである．その名に含まれているとおり，$*$ は積の一種と見做せるが，数の積とは少々異なる部分もある．

まず，単位元（数の集合でいえば 1）が存在しない．すなわち，

すべての関数 f について，$f * E = f$ となる

ような関数 $E(x)$ は存在しないのだ．これは "通常の" 関数の積 $f(x)g(x)$ と異なるので意外に思う方もいるだろう．ここで，背理法を用いて非存在性の証明を与えておこう．

$*$　　　$*$　　　$*$

$E(x)$ が存在すると仮定する．すなわち，

    X の任意の関数 f に対して，$\int_{-\infty}^{\infty} f(x-y)E(y)dy = f(x)$ $(x \in \mathbb{R})$

となるとする．特に

$$\int_{-\infty}^{\infty} f(-y)E(y)dy = f(0) \tag{6.1}$$

である．さて，$E(x)$ がゼロ関数でないことは明らかである．すると，或る点 x_0 によって $E(x_0) \neq 0$ となる．

    以下 $x_0 > 0$ かつ $E(x_0) > 0$ を仮定しよう（その他のケースでも同様に証明できる）．このとき E の連続性から，小さい正数 ε で

- $\varepsilon < x_0$,
- $x_0 - \varepsilon \leq x \leq x_0 + \varepsilon \implies E(x) > 0$

となるようなものが存在する．ここで隆起関数 $f(x)$ を

    $x_0 - \varepsilon < x < x_0 + \varepsilon$ ならば $f(-x) > 0$,   その他の x で $f(-x) = 0$

を満たすように選ぶ．特に $f(0) = 0$ である．一方で

$$\int_{-\infty}^{\infty} f(-y)E(y)dy = \int_{x_0-\varepsilon}^{x_0+\varepsilon} f(-y)E(y)dy > 0$$

となり (6.1) に矛盾する．したがって，証明が完了した．

＊   ＊   ＊

    X では単位元が無いことはわかった．では X よりももっと広い関数空間ではどうか？ 残念ながらダメである．しかし，諦めが悪いのが数学者である．関数の概念を超えてしまえば（詳しくは「超関数」を導入すれば）単位元は作れてしまうのだ．残念ながら本書では，超関数について語る余裕がない．気になる方は，文献 [15, 31] 等のテキストにチャレンジしていただきたい．

    さらに数の積では，

$$ab = 0 \text{ ならば } a = 0 \text{ または } b = 0$$

となることは常識であるが，合成積では反例ができてしまう．例えば，

$$0 < x < 1 で \phi(x) > 0, \quad それ以外の x で \phi(x) = 0$$

たる隆起関数 ϕ によって作られる

$$f(x) = \int_0^1 e^{itx}\phi(t)dt, \quad g(x) = \int_0^1 e^{-isx}\phi(s)ds$$

は，$f \neq 0$ かつ $g \neq 0$ であるのに $f * g = 0$ となってしまう．以下に大雑把な証明を載せておく．

*　　　*　　　*

x を任意に選び固定する．このとき，

$$(f * g)(x) = \int_{-\infty}^{\infty} \left(\int_0^1 e^{it(x-y)}\phi(t)dt \int_0^1 e^{-isy}\phi(s)ds \right) dy$$

となる．ここで，パラメータ ε を用いた極限を利用する：

$$(f * g)(x) = \lim_{\varepsilon \to +0} \int_{-\infty}^{\infty} e^{-\varepsilon y^2} \left(\int_0^1 e^{it(x-y)}\phi(t)dt \int_0^1 e^{-isy}\phi(s)ds \right) dy.$$

こうすることで，積分順序を交換することができる：

$$(f * g)(x) = \lim_{\varepsilon \to +0} \int_0^1 \int_0^1 e^{itx} \left(\int_{-\infty}^{\infty} e^{-\varepsilon y^2 - i(t+s)y} dy \right) \phi(t)\phi(s)dtds.$$

右辺中央にある定積分は，

$$\int_{-\infty}^{\infty} e^{-\varepsilon y^2 - i(t+s)y} dy = \sqrt{\frac{\pi}{\varepsilon}} \exp\left(-\frac{(t+s)^2}{4\varepsilon} \right)$$

となることに注意して計算していくと

$$(f * g)(x) = \int_0^1 e^{itx}\phi(t) \left\{ \lim_{\varepsilon \to +0} \sqrt{\frac{\pi}{\varepsilon}} \int_{-1}^0 \exp\left(-\frac{(t-s)^2}{4\varepsilon} \right) \phi(-s)ds \right\} dt$$

を得る．右辺にある中括弧の計算は骨が折れそうだが，実は本章の定理の証明を吟味すると，$2\pi\phi(-t)$ に等しいことがわかる．また，すべての t にて $\phi(t)\phi(-t) = 0$ であるから

$$(f * g)(x) = 2\pi \int_0^1 e^{itx}\phi(t)\phi(-t)dt = 0$$

が得られた.

*　　　　*　　　　*

さて私は，反例 $f(x), g(x)$ を如何にして思いついたのだろうか？　さらにいえば，前章の Coffee Break で紹介した突飛な関数 $h(x), u(x)$ をなぜ紹介できたのだろうか？　その答えはフーリエ変換（☞ 第 III 部 14.5.2 項参照）にある！

章末問題

問 6.1　2 つの隆起関数 ϕ_1, ϕ_2 から成る合成写像 $\phi_1 \circ \phi_2$ は必ず隆起関数となるか否か答えよ.

問 6.2　2 つの隆起関数による合成積は再び隆起関数となることを示せ.

問 6.3　$a > 0$ に対して関数 $g_a(x)$ を $g_a(x) = e^{-ax^2}$ によって与える. このとき $g_a * g_b \ (a, b > 0)$ を具体的に書き下せ. また，$g_1 * g_2 * g_3$ を書き下せ.

問 6.4　関数 $f(x)$ に対して，関数 $y = (Xf)(x) = xf(x)$ を定める. このとき，任意の隆起関数 ϕ_1, ϕ_2 に対して $X(\phi_1 * \phi_2) = (X\phi_1) * \phi_2 = \phi_1 * (X\phi_2)$ となることを示せ.

問 6.5　$-1 < x < 1$ において

$$f(x) = \frac{1}{\pi}\arctan\left(2\tan\left(\frac{\pi x}{2}\right)\exp\left(\tan^2\left(\frac{\pi x}{2}\right)\right)\right) + \frac{1}{2}$$

を定める. この f を用いて，以下を満たすような隆起関数 $y = \psi(x)$ を作れ：

値域が $0 \le y \le 1$ となっている偶関数であり，閉区間 $[-1, 1]$ 上で定数関数 $y = 1$ に等しく，開区間 $(-2, 2)$ の外では $y = 0$ である.

問 6.6　閉区間たちの和集合

$$A = [1,2] \cup [7,9] \cup [12,13]$$

上で $y = 1$ であり，

$$A = (-\infty, 0] \cup [3,6] \cup [9.1, 11.99] \cup [14, \infty)$$

上で $y = 0$ となるような隆起関数 $y = \phi(x)$ を一つ作れ.

問 6.7　如何なるジュヴレイ空間 $G^\sigma(\mathbb{R})$ にも属さない隆起関数の例を挙げよ.

問 6.8　定理 6.2 にある関数列 $\{f_\varepsilon\}_{\varepsilon>0}$ は，確かに $f(x)$ を近似しているが，導関数列 $\{(f_\varepsilon)'\}_{\varepsilon>0}$ はどのような振る舞いをしているだろうか.

問 6.9　Coffee Break 中にある等式

$$\lim_{\varepsilon \to +0} \sqrt{\frac{\pi}{\varepsilon}} \int_{-1}^0 \exp\left(-\frac{(t-s)^2}{4\varepsilon}\right) \phi(-s)ds = 2\pi\phi(-t)$$

を証明せよ.

問 6.10　ゼロ関数でない隆起関数 $\phi_1(x)$ と $\phi_2(x)$ で，$\phi_1 * \phi_2$ がゼロ関数となるものは存在するだろうか. 理由を付けて答えよ.

7 章

sin sin sin ···

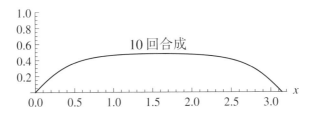

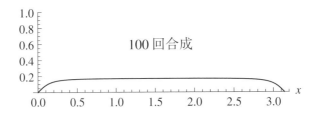

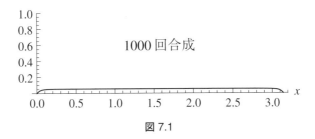

図 7.1

7.1 プロフィール

関数 $y = f(x)$ と $z = g(y)$ による合成関数 $z = g(f(x))$ は $z = (g \circ f)(x)$ という記号で書かれる．$f \circ f \circ f$ は同じ関数 f を 3 回合成してできているわけだが，f が滑らかであるときこの導関数は

$$(f \circ f \circ f)' = (f' \circ f \circ f)(f' \circ f) f'$$

である．これは何とか計算できそうだが，2 次導関数はいかがだろうか？ 答えは

$$(f' \circ f \circ f)(f' \circ f) f'' + (f' \circ f \circ f)(f'' \circ f)(f')^2 + (f'' \circ f \circ f)(f' \circ f)^2 (f')^2$$

となり，なかなか複雑だ．この調子だと，一般次の導関数はとんでもないことになりそうだし，ましてや，もっと多重な合成関数 $f \circ f \circ f \circ f \circ f$ や $f \circ f \circ f \circ f \circ f \circ f \circ f$ なんぞは想像するだけでもうんざりだ．以上の点から推察できるとおり，一般に多重合成関数の解析（テイラー展開，定積分など）は大変な困難を伴う．

ところが，数少ない例外が存在する．一つは冪乗 $y = x^p$ である．実際，n 回合成しても冪乗 x^{p^n} となるので怖くない．これは「自明な例外」といってよいだろう．

そしてもう一つは，三角関数 sin である．このことは意外に思われるかもしれない．何しろ，定積分

$$\int_0^{\pi/2} (\sin \circ \sin)(x) dx$$

が何なのかさっぱりわからないし，$\sin \circ \sin \circ \sin$ のテイラー展開なんぞやりたくもない！ しかし，たった一つの公式を思い出せば，sin の多重合成関数は怖くなくなるのだ．一体どういうことなのか？

7.2 n 重合成関数

実数値関数 $y = f(x)$ を N 回合成したものを $f^{\boxed{N}}(x)$ とおく．しっかりした定義は

- $f^{\boxed{1}} = f$,

* $f^{\boxed{N+1}} = f \circ f^{\boxed{N}}$ $(N = 1, 2, \ldots)$

となる.

さて, 本章の主役は $\sin^{\boxed{N}}(x)$ である. 図 7.1 上段のグラフは $\sin^{\boxed{10}}(x)$ である. 元祖 $\sin x$ と比べると平べったくなっている. 中段下段はそれぞれ, $\sin^{\boxed{100}}(x)$ と $\sin^{\boxed{1000}}(x)$ である. もっともっと平べったくなっている. 結局, $\sin^{\boxed{\infty}}(x) = 0$ ではないかと予想がつく. この予想は実際に正しい. 例えば, 初等的な計算と数学的帰納法から, 任意の x で

$$\left| \sin^{\boxed{N}}(x) \right| \leq \frac{2}{\log(N+1)} \quad (N = 1, 2, \ldots)$$

という評価を得る. したがって $N \to \infty$ とするとき, $\sin^{\boxed{N}}(x)$ は一様に 0 へ収束することがわかる.

以下では, N を無限大に飛ばす前の $\sin^{\boxed{N}}(x)$ たちを解析していこう. 具体的に,

* テイラー展開
* フーリエ級数展開
* 定積分のかなり良い近似

を披露していく. 冒頭で述べたとおり, たった一つの公式で話は大きく進む. それは, **オイラーの公式**

$$e^{i\theta} = \cos\theta + i\sin\theta \quad (\theta \in \mathbb{R})$$

である.

▶ **注 7.1** いまさらかもしれないが,「$x \in A$」は「要素 x は集合 A に属する」ことを指す. 特に,「$x \in \mathbb{R}$」は「x は実数」を意味する.

7.3 マクローリン展開

5 章にて, 解析的な関数 $y = f(x)$ による点 $x = x_0$ でのテイラー展開

$$f(x) = \sum_{n=0}^{\infty} \frac{f^{(n)}(x_0)}{n!}(x - x_0)^n$$

について触れたことを思い出そう．原点 $x = 0$ でのテイラー展開

$$f(x) = \sum_{n=0}^{\infty} \frac{f^{(n)}(0)}{n!}x^n$$

は，特に**マクローリン展開**とも呼ばれている．さて，$f(x) = \sin x$ の場合，すべての x で

$$\sin x = x - \frac{x^3}{3!} + \frac{x^5}{5!} - \frac{x^7}{7!} + \cdots = \sum_{n=0}^{\infty} \frac{(-1)^n}{(2n+1)!}x^{2n+1} \qquad (7.1)$$

となっているわけだが，本節では，**一般の N における** $\sin^{\boxed{N}}(x)$ のマクローリン展開を与える．

上記等式の x を $\sin x$ に入れ替えると，級数

$$\sin^{\boxed{2}}(x) = \sin(\sin x) = \sum_{n=0}^{\infty} \frac{(-1)^n}{(2n+1)!}\sin^{2n+1} x \qquad (7.2)$$

を得るが，これ自体はマクローリン展開ではない．ここでいよいよ，オイラーの公式から直ちに得られる等式

$$\sin\theta = \frac{e^{i\theta} - e^{-i\theta}}{2i} \quad (\theta \in \mathbb{R})$$

を用いることにする．二項定理を施すと各 $n = 0, 1, 2, \ldots$ で

$$\sin^{2n+1} x = \sum_{k=0}^{n} \frac{(-1)^k}{4^n}\binom{2n+1}{n-k}\sin((2k+1)x) \qquad (7.3)$$

となる．ただし，$\binom{n}{m}$ は二項係数 $\frac{n!}{m!(n-m!)}$ である．早速，この等式を (7.2) へ代入すると，

$$\sin^{\boxed{2}}(x) = \sum_{n=0}^{\infty} \frac{(-1)^n}{(2n+1)!} \sum_{k=0}^{n} \frac{(-1)^k}{4^n}\binom{2n+1}{n-k}\sin((2k+1)x)$$

を得る．さらに，(7.1) の x を $(2k+1)x$ に置き換えることにより，

$\sin^{\boxed{2}}(x)$

$$= \sum_{n=0}^{\infty} \frac{(-1)^n}{(2n+1)!} \sum_{k=0}^{n} \frac{(-1)^k}{4^n} \binom{2n+1}{n-k} \sum_{m=0}^{\infty} \frac{(-1)^m (2k+1)^{2m+1}}{(2m+1)!} x^{2m+1}$$

$$= \sum_{n=0}^{\infty} \sum_{k=0}^{n} \sum_{m=0}^{\infty} \frac{(-1)^n}{(2n+1)!} \frac{(-1)^k}{4^n} \binom{2n+1}{n-k} \frac{(-1)^m (2k+1)^{2m+1}}{(2m+1)!} x^{2m+1}$$

が成り立つ．続いて，最後に現れた級数について文字の変更（具体的には $(n,m) \to (m,n)$ とする）を行う：

$$\sum_{m=0}^{\infty} \sum_{k=0}^{m} \sum_{n=0}^{\infty} \frac{(-1)^m}{(2m+1)!} \frac{(-1)^k}{4^m} \binom{2m+1}{m-k} \frac{(-1)^n (2k+1)^{2n+1}}{(2n+1)!} x^{2n+1}.$$

そして，$\sum$ の順序を変更し整理する：

$\sin^{\boxed{2}}(x)$

$$= \sum_{n=0}^{\infty} \left(\sum_{m=0}^{\infty} \sum_{k=0}^{m} \frac{(-1)^{m+k}(2k+1)^{2n+1}}{4^m (2m+1)!} \binom{2m+1}{m-k} \right) \frac{(-1)^n}{(2n+1)!} x^{2n+1}.$$

みごと，$\sin^{\boxed{2}}(x)$ のマクローリン展開が得られた．なんだが複雑で面倒だなあと思われるかもしれないが，一般の二重合成関数 $f^{\boxed{2}}$ の展開に比べれば，ずっとマシである．

▶注7.2 なぜマシなのか？ マクローリン展開

$$f^{\boxed{2}}(x) = \sum_{n=0}^{\infty} \frac{1}{n!} \left[\frac{d^n}{dx^n} f(f(x)) \right]_{x=0} x^n$$

における [ ] 内の処理が問題なのだ．

この調子で $\sin^{\boxed{3}}(x)$, $\sin^{\boxed{4}}(x)$... を考えていけば，一般の N による $\sin^{\boxed{N}}(x)$ の展開が得られる．

定理 7.1. $N \geq 3$ たる自然数 N に対して

$\sin^{\boxed{N}}(x)$

$$= \sum_{n=0}^{\infty} \left(\sum_{m_1=0}^{\infty} \cdots \sum_{m_{N-2}=0}^{\infty} \sum_{m_{N-1}=0}^{\infty} C_{m_2}^{m_1} \cdots C_{m_{N-1}}^{m_{N-2}} C_n^{m_{N-1}} \right) \frac{(-1)^n x^{2n+1}}{(2n+1)!}$$

が成り立つ．ただし，

$$C_\ell^m = \sum_{k=0}^{m} \frac{(-1)^{m+k}(2k+1)^{2\ell+1}}{4^m(2m+1)!} \binom{2m+1}{m-k} \quad (\ell \text{ は実数})$$

とした．

証明は数学的帰納法を用いればよい（とはいっても，計算は大変だが）．

さて上の定理を眺めると，大括弧部分を 1 に置き換えたものは $\sin x$ のマクローリン展開であることがわかる．言い換えれば，

　　　N 重合成による影響は大括弧部分に反映される

となろう．

上記公式では，無限和自体を N 回行っている．そうなると実用的な公式なのか疑問が湧くかもしれない．そこで，有限部分和

$$\sum_{n=0}^{M} \left(\sum_{m_1=0}^{M} \cdots \sum_{m_{N-2}=0}^{M} \sum_{m_{N-1}=0}^{M} C_{m_2}^{m_1} \cdots C_{m_{N-1}}^{m_{N-2}} C_n^{m_{N-1}} \right) \frac{(-1)^n x^{2n+1}}{(2n+1)!}$$

による近似を見てみよう．

$N = 2, M = 2$ のとき

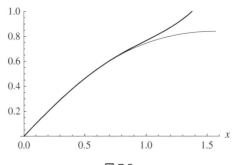

図 7.2

太線が近似関数，細線が sin $\boxed{2}$ (x) である．

$N = 3, M = 3$ のとき

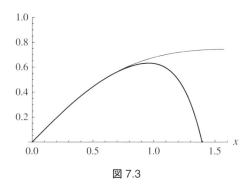

図 7.3

$N = 4, M = 4$ のとき

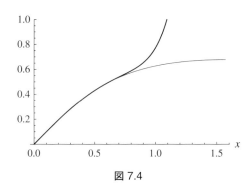

図 7.4

いずれも $x = 0$–0.7 辺りではとても良い近似となっている．ただ，大きい x では全く違うものになってしまった．それを是正するためには M をかなり大きくしなければならない．そこで，マクローリン展開とは異なる近似法を探ってみよう．

7.4 フーリエ級数

前節で求めたマクローリン展開をもう一度書いておこう：

$$\sin^{\boxed{N}}(x) = \sum_{n=0}^{\infty} S_{N,n} \frac{(-1)^n}{(2n+1)!} x^{2n+1} \quad (x \in \mathbb{R}, \ N = 1, 2, \ldots).$$

ただし $S_{N,n}$ は, $S_{1,n} = 1$, $S_{2,n} = \sum_{m=0}^{\infty} C_n^m$,

$$S_{N,n} = \sum_{m_1=0}^{\infty} \cdots \sum_{m_{N-2}=0}^{\infty} \sum_{m_{N-1}=0}^{\infty} C_{m_2}^{m_1} \cdots C_{m_{N-1}}^{m_{N-2}} C_n^{m_{N-1}} \quad (N \geq 3)$$

である. 以下 $N = 1, 2, \ldots$ を固定して考える. 等式 (7.3) を用いると,

$$\sin^{\boxed{N+1}}(x) = \sum_{n=0}^{\infty} S_{N,n} \frac{(-1)^n}{(2n+1)!} \sin^{2n+1}(x)$$

$$= \sum_{n=0}^{\infty} \sum_{k=0}^{n} S_{N,n} \frac{(-1)^{n+k}}{4^n (2n+1)!} \binom{2n+1}{n-k} \sin((2k+1)x)$$

を得る. ここで, $\sum_{n=0}^{\infty} \sum_{k=0}^{n}$ の順序を交換すると $\sum_{k=0}^{\infty} \sum_{n=k}^{\infty}$ となることに注意する:

$$\sin^{\boxed{N+1}}(x) = \sum_{k=0}^{\infty} \sum_{n=k}^{\infty} S_{N,n} \frac{(-1)^{n+k}}{4^n (2n+1)!} \binom{2n+1}{n-k} \sin((2k+1)x).$$

最後に, n と k を入れ替え, N を $N-1$ に直してできたものを公式としよう.

定理 7.2. 2 以上の整数 N に対して

$$\sin^{\boxed{N}}(x)$$

$$= \sum_{n=0}^{\infty} \left(\sum_{k=n}^{\infty} S_{N-1,k} \frac{(-1)^{n+k}}{4^k (2k+1)!} \binom{2k+1}{k-n} \right) \sin((2n+1)x)$$

が成り立つ.

この公式は, $\sin^{\boxed{N}}(x)$ のフーリエ級数展開 (☞ 第 III 部 14.5.1 項参照) に他ならない. したがって, 様々な興味深い公式が誘導される (章末問題を参照されたい). では, この公式からどのくらい良い近似が得られるだろうか. 有限部分和

$$\sum_{n=0}^{M} \left(\sum_{k=n}^{M} S_{N-1,k}^{M} \frac{(-1)^{n+k}}{4^k(2k+1)!} \binom{2k+1}{k-n} \right) \sin((2n+1)x)$$

による近似を見てみよう. ただし $S_{N,n}^M$ は, $S_{1,n}^M = 1$, $S_{2,n}^M = \sum_{m=0}^{M} C_n^m$,

$$S_{N,n} = \sum_{m_1=0}^{M} \cdots \sum_{m_{N-2}=0}^{M} \sum_{m_{N-1}=0}^{M} C_{m_2}^{m_1} \cdots C_{m_{N-1}}^{m_{N-2}} C_n^{m_{N-1}} \quad (N \geq 3)$$

である.

$N = 2, M = 1$ **のとき**

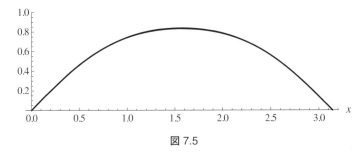

図 7.5

近似関数は $\frac{7}{8} \sin x + \frac{1}{24} \sin 3x$ だが, もう殆ど一致している！

$N = 3, M = 2$ **のとき**

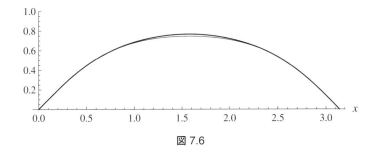

図 7.6

近似関数は $\frac{13}{16}\sin x + \frac{5}{96}\sin 3x + \frac{1}{160}\sin 5x$. ちょっと誤差が出ている. 気になる人は $M = 3$ とした $\frac{115}{144}\sin x + \frac{29}{480}\sin 3x + \frac{1}{288}\sin 5x + \frac{1}{2520}\sin 7x$ を用いるとよい.

$N = 4, M = 4$ **のとき**

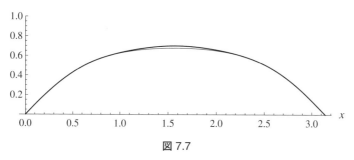

図 7.7

近似関数は

$$\frac{554897\sin x}{737280} + \frac{1555\sin 3x}{24576} + \frac{29273\sin 5x}{2580480} - \frac{493\sin 7x}{2064384} + \frac{2873\sin 9x}{10321920}.$$

いかがだろうか? 前節よりも良い近似がとれているのがわかる. 例えば, $(\sin \circ \sin)(x)$ は, 非常にシンプルな関数 $\frac{7}{8}\sin x + \frac{1}{24}\sin 3x$ に殆ど一致している. 具体的には, 最大絶対誤差は 0.00813765 程度である. したがって, 全くもって得体の知れない定積分

$$\int_0^\pi (\sin \circ \sin)(x)dx$$

は

$$\int_0^\pi \left(\frac{7\sin x}{8} + \frac{\sin 3x}{24} \right) dx = \frac{16}{9} = 1.777\ldots$$

と 0.0255652 以下の差であることがわかった (実際は 0.0087097 程度である).

・・・・・・・・・・・・・・・・・・・・・・・・・・・・・・・・・・ **Coffee Break** ・・・・・・・・・・・・・・・・・・・・・・・・・・・・・・・

本章ではたくさんの級数が登場したわけだが，何気なく「2つの$\sum$の交換」を行っていたことに注意しよう．もう少し正確にいえば，2変数の数列$\{a_{n,m}\}_{n,m\geq1}$について，

$$\sum_{n=1}^{\infty}\sum_{m=1}^{\infty}a_{n,m}=\sum_{m=1}^{\infty}\sum_{n=1}^{\infty}a_{n,m}$$

が成り立っていることを前提としている．これは正しいのだろうか？　例えば，すべてのn,mに対して$a_{n,m}$が0以上であれば正しい．そうでないときは…残念ながら，以下のように反例が作れてしまう：

$$a_{n,m}=\frac{2(-1)^{n+m}n^{2m-2}x^{2m-1}}{(2m-1)!}\quad(n,m\text{ は自然数, }|x|<\pi).$$

では，どのようなときに$\sum$同士が交換可能となるのか．十分条件の一つとして，上記の無限和が絶対収束していることが挙げられる．すなわち，

$$\sum_{n=1}^{\infty}\sum_{m=1}^{\infty}|a_{n,m}|<\infty$$

を満たしていればよいのである．

本章で実行した交換ではどうだろうか．本質的には

$$\sum_{m=0}^{\infty}\sum_{n=0}^{\infty}\sum_{k=0}^{m}\left|\frac{(-1)^m}{(2m+1)!}\frac{(-1)^k}{4^m}\binom{2m+1}{m-k}\frac{(-1)^n(2k+1)^{2n+1}}{(2n+1)!}x^{2n+1}\right|<\infty$$

$$(7.4)$$

となっていることを示せば OK である．

$$\text{左辺の}\sum_{m=0}^{\infty}\sum_{n=0}^{\infty}\text{の中身}=\sum_{k=0}^{m}\frac{1}{(2m+1)!}\frac{1}{4^m}\binom{2m+1}{m-k}\frac{(2k+1)^{2n+1}}{(2n+1)!}|x|^{2n+1}$$

$$=\frac{1}{(2m+1)!}\frac{1}{(2n+1)!}|x|^{2n+1}\times\frac{1}{4^m}\sum_{k=0}^{m}\binom{2m+1}{m-k}(2k+1)^{2n+1}$$

$$\leq \frac{1}{(2m+1)!}\frac{1}{(2n+1)!}(2m+1)^{2n+1}|x|^{2n+1} \times \frac{1}{4^m}\sum_{k=0}^{m}\binom{2m+1}{m-k}$$

と

$$\frac{1}{4^m}\sum_{k=0}^{m}\binom{2m+1}{m-k} = \frac{1}{4^m}\sum_{k=0}^{m}\binom{2m+1}{k}1^k 1^{2m+1-k} \underset{(二項定理)}{\leq} \frac{1}{4^m}\frac{2^{2m+1}}{2}$$

から,

$$(7.4)\text{ の左辺} \leq \sum_{m=0}^{\infty}\sum_{n=0}^{\infty}\frac{1}{(2m+1)!}\frac{1}{(2n+1)!}(2m+1)^{2n+1}|x|^{2n+1}$$
$$\leq \sum_{m=0}^{\infty}\sum_{n=0}^{\infty}\frac{1}{m!}\frac{1}{n!}m^n|x|^n = \exp \boxed{2}(|x|)$$

を得る. ただしここで, 指数関数 $\exp(x)$ のマクローリン展開

$$e^x = \sum_{n=0}^{\infty}\frac{x^n}{n!}$$

を用いた. こうして, めでたく $\sum$ の交換が可能であることがわかった.

章末問題

問 7.1 多重合成関数 $\cos^{\boxed{N}}(x)$ は, $N \to \infty$ のとき, どのようなグラフを描くか答えよ.

問 7.2 $f(x) = \cos(\sin(x))$ としたときの多重合成関数 $f^{\boxed{N}}(x)$ は, $N \to \infty$ のとき, どのようなグラフを描くか答えよ.

問 7.3 不等式

$$\left|\sin^{\boxed{N}}(x)\right| \leq \frac{2}{\log(N+1)} \quad (x \in \mathbb{R},\ N = 1, 2, \ldots)$$

を証明せよ (ヒント:次の問を参考にせよ).

問 7.4 以下の不等式を証明せよ:

$$\sin\left(\frac{2}{\log(x+1)}\right) \le \frac{2}{\log(x+2)} \quad (x \ge 1).$$

問 7.5 定理 14.3 用いて,

$$\lim_{N\to\infty} \sin^{\boxed{N}}(x) = 0 \quad (x \in \mathbb{R})$$

を証明せよ（問 7.3 の不等式は不要である）.

問 7.6 $\frac{d}{dx}\arcsin^{\boxed{N}}(0)$ と $\frac{d^2}{dx^2}\arcsin^{\boxed{N}}(0)$ の値を，$S_{N,n}$ たちを用いて表せ.

問 7.7 パーセバルの等式（☞ 定理 14.28 参照）を用いて，定積分

$$\int_{-\pi}^{\pi} \left|\sin^{\boxed{N}}(x)\right|^2 dx$$

の値を，$S_{N,n}$ たちを用いて表せ.

問 7.8 定積分

$$\int_{-\pi}^{\pi} \sin^{\boxed{N}}(x)\sin^{\boxed{M}}(x)dx$$

の値を，$S_{N,n}, S_{M,n}$ たちを用いて表せ.

問 7.9 $N=1,2,3\ldots$ について，以下の不等式を証明せよ:

$$\sum_{n=0}^{\infty} \frac{|S_{N,n}|}{(2n+1)!}|x|^{2n+1} \le \exp^{\boxed{N}}(|x|) \quad (x \in \mathbb{R}).$$

問 7.10 数学的帰納法を用いて定理 7.1 を証明せよ.

8 章

無理数の悪戯

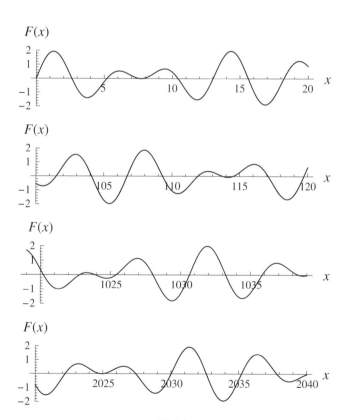

図 8.1

8.1 プロフィール

関数 $y = f(x)$ のうち，適当な正数 T （周期と呼ばれる）によって

$$f(x + T) = f(x) \quad (x \in \mathbb{R})$$

を満たしているものを**周期関数**という．区間 $[0, T]$ で与えられたグラフが，左右にある同幅の区間たち $[T, 2T], [-2T, -T], [2T, 3T], [-3T, -2T], \ldots$ にそっくりコピーされている状況をイメージして欲しい．

$y = \sin x$ と $y = \sin \sqrt{2}x$ は，周期こそ違えども典型的な周期関数である．面白いのは，両者を足してしまった場合だ．図 8.1 は，今回の主役である

$$y = F(x) = \sin x + \sin \sqrt{2}x$$

のグラフである．周期関数のようにも，そうでないようにも感じられる．実はこの関数，現代数学のチョットした道具を使うことで，思いのほかヘンテコな性格をもっていることがわかる．鍵となるのは**無理数** $\sqrt{2}$ である．

8.2 ゼロ点の振る舞いと最大値

$y = \sin x$ の場合，$y = 0$ となる点 x （ゼロ点という）は $x = 0, \pm\pi, \pm 2\pi, \ldots$ のように規則正しく等間隔に分布している．一方，$y = F(x)$ の場合，正のゼロ点を小さい順に並べていくと

$$x \sim 0, \ 2.60258, \ 5.20516, \ 7.58448, \ 7.80774, \ 10.4103, \ 13.0129, \ \ldots$$

のとおりであり，規則性が全く読めない．やや気になるのは，4番目と5番目の間隔が結構狭いことである．図 8.1 のグラフを見ても，間隔が狭い所がちらほら散見する．それではどれだけ狭いものがあるのだろうか．

> **命題 8.1.** 任意の $\varepsilon > 0$ に対して，$y = F(x)$ の或るゼロ点 x_1, x_2 が存在し，$0 < |x_1 - x_2| < \varepsilon$ となる．

つまり，いくらでも狭くなるのだ！ 証明は後のお楽しみに．実はこの命題

から，件の関数は周期関数ではないことが判明する．ただ，少し説明に準備が必要でわかりにくいところもあるので…いまは気づかなかったことにしておく．

$|\sin x|$ の最大値は 1 であるので，$y = F(x)$ の値が 2 を超えることは無い．ではぴったり 2 をもつときはあるのだろうか．いま，点 x_0 は $\sin x_0 + \sin \sqrt{2}x_0 = 2$ を満たしているとしよう．このとき，$\sin x_0 = \sin \sqrt{2}x_0 = 1$ であるはずだから，

$$x_0 = \frac{\pi}{2} + 2n\pi, \quad \sqrt{2}x_0 = \frac{\pi}{2} + 2m\pi$$

を同時に満たす整数 n, m が存在することになる．したがって，

$$\sqrt{2} = \frac{\sqrt{2}x_0}{x_0} = \frac{\frac{\pi}{2} + 2m\pi}{\frac{\pi}{2} + 2n\pi} = \frac{1 + 4m}{1 + 4n}$$

となる．ところが，右辺が有理数となってしまい，$\sqrt{2}$ が**無理数**であることに矛盾する．ゆえに背理法から，

$$\sin x + \sin \sqrt{2}x < 2 \quad (x \in \mathbb{R})$$

がいえた．さらに同様に，

$$\sin x + \sin \sqrt{2}x > -2 \quad (x \in \mathbb{R})$$

が成り立つことがわかる．それでは，最大値と最小値は幾らなのか？

命題 8.2. $y = F(x)$ の値域は開区間 $(-2, 2)$ である．

なんと，そもそも最大値も最小値も存在しない．しかし一方で，2 や -2 へギリギリまで近づく y たちが居ることもわかる．実は，この性質も $\sqrt{2}$ の悪戯が関係しているのだ．またもや，証明は後のお楽しみに．

さて命題 8.2 と，

　連続関数は有界閉区間上に最大値をもつ

という最大値の定理（☞ 定理 14.11）を併用すると，$F(x)$ は周期関数でないことが簡単にわかる．実際，もし周期 T をもつと仮定すると，命題 8.2 から $F(x)$ は閉区間 $[0, T]$ で最大値をもちえない．しかし，それは最大値の定理に反

することになり矛盾する.

　次の節では，上の命題たちの証明を与えよう.

8.3　$\left\langle \sqrt{2}\mathbb{N} \right\rangle$ と $\mathbb{Z} + \sqrt{2}\mathbb{Z}$

　$\sqrt{2}$ の悪戯を分析するため，幾つかの記号を導入する．まず，1 章で現れた $\lfloor x \rfloor$（x の整数部分）を思い出そう．これに対して，小数部分 $x - \lfloor x \rfloor$ を $\langle x \rangle$ と書く．また，$\mathbb{N}$ は自然数全体の集合である．以上を踏まえ，

$$\left\langle \sqrt{2}\mathbb{N} \right\rangle = \left\{ \left\langle \sqrt{2}n \right\rangle ; n = 1, 2, \ldots \right\}$$

を定める．この集合，どのような外見をもっているのだろうか？　20 個の点から成る部分集合

$$\left\{ \left\langle \sqrt{2}n \right\rangle ; n = 1, 2, \ldots, 20 \right\}$$

を図示してみると

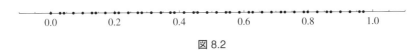

図 8.2

となる．結構バラバラに散らばっているようだ．次に，20 を 50 に直して描いてみる：

図 8.3

ひょっとしたら「均一に近い状態」で分布しているのかもしれない．すなわち，小さい区間 $[a, b]$ $(0 < a < b < 1)$ に含まれている点の個数は，$50 \times (b - a)$ ぐらいになりそうだ．もう少し大胆に想像すると，

　　本来の集合 $\left\langle \sqrt{2}\mathbb{N} \right\rangle$ から自由に選んだ 1 点が，$[a, b]$ に属している確率は $b - a$ だろう

となる．これは次のとおり正しいといえる：

定理 8.3（ワイルの一様分布定理）. $0 < a < b < 1$ としたとき,

$$\lim_{N\to\infty}\frac{\#\left\{n=1,2,\ldots,N\,;\,a\le\left\langle\sqrt{2}n\right\rangle\le b\right\}}{N}=b-a.$$

ただし $\#A$ は, 集合 A の個数を意味する.

実はこの定理, $\sqrt{2}$ のみならず, すべての**無理数**で成立する. もっといえば, 有理数のときは偽となる. 証明自体が解析学の面白い一面を投影しており興味深いのだが, 話を進めたいので省略する. 気になる方は本章の Coffee Break を参照されたい.

ここで, 新たな集合を一つ定めよう. 無理数 γ に対して,

$$\mathbb{Z}+\gamma\mathbb{Z}=\{n+\gamma m\,;\,n,m\text{ は整数}\}$$

とおく. $\mathbb{Z}$ は整数全体の集合であり, 有理整数環というカッコイイ名前をもっている. さて, 定理 8.3 から得られる次の系が, 当初の命題たちを示す鍵となる:

系 8.4. γ を無理数とする. 実数 x を任意に選ぶ. このとき任意の $\varepsilon > 0$ に対して, $|x-p| < \varepsilon$ となる $\mathbb{Z}+\gamma\mathbb{Z}$ の点 p が存在する.

証明は章末問題としておこう. 系 8.4 を少し難しい言葉でいうと,

集合 $\mathbb{Z}+\gamma\mathbb{Z}$ は, 実数全体の集合 $\mathbb{R}$ に稠密である

となる.

▶ **注 8.1** $\mathbb{R}$ の部分集合 A と, A の部分集合 B について, B が A に**稠密**であるとは,「A に属する任意の点 x と任意の $\varepsilon > 0$ に対して, $|x-p| < \varepsilon$ を満たす B の点 p が存在する」ことをいう. 少し言い換えると「A のすべての点は, それに限りなく近づく B による点列をもつ」となる.

$\mathbb{Z}+\gamma\mathbb{Z}$ の点は, 数直線 $\mathbb{R}$ に**隙間なく**散らばっているのだ. ちなみに, 定理 8.3 をよく吟味すると, **隙間なく均一に**散らばっていることまでいっている. これらはちょっと不思議なことである. なぜなら

- $\mathbb{Z} + \gamma\mathbb{Z}$ は $n + \gamma m$ という癖をもっていそうな数だけから成る.
- $\mathbb{Z} + \gamma\mathbb{Z}$ の濃度は $\mathbb{Z}$ と等しいので，$\mathbb{R}$ より小さい.
- γ が**無理数**でありさえすれば何でもよい.

という事実があるからだ. この話を続けていけば，数論における諸問題へ繋がっていく. ただ，私にはそれを語る力も無いし，そもそも本題から外れてしまう！ということで，命題 8.1 と 8.2 を証明していこう.

＊　　　　＊　　　　＊

（命題 8.2 の証明）$0 < y_1 < 2$ を自由に選ぶ. このとき，$F(x_1) \geq y_1$ となる x_1 を見つけ出せばよい. 実際，$F(0) = 0$ と F の連続性（具体的には中間値の定理（☞ 定理 14.12））を適用すれば F の値域は $[0, y_1]$ を含むことがわかり，y_1 の任意性から結局 $[0, 2)$ も含む事実を得る. そして負の値域も同様に考えられ，命題を示したことになる.

▶ **注 8.2**　さて，以下の証明は，天下り的に感じるに違いない. しかし，どのような発想でこの証明に至ったかについては，逆方向に読んでいただけるとわかるだろう.

系 8.4 から，任意の正数 ε に対して，

$$\left| \frac{\sqrt{2}-1}{4} - (n - \sqrt{2}m) \right| < \varepsilon$$

となる整数 n, m が存在する. 絶対値の中身を δ とおき，

$$x_1 = \frac{\pi}{2} + 2m\pi - \sqrt{2}\pi\delta$$

とすると，

$$\sqrt{2}x_1 = \frac{\sqrt{2}\pi}{2} + 2\sqrt{2}m\pi - 2\pi\left(\frac{\sqrt{2}-1}{4} - (n - \sqrt{2}m) \right) = \frac{\pi}{2} + 2n\pi$$

を得る. したがって，sin の周期性と加法定理から，

$$F(x_1) = \sin x_1 + \sin\sqrt{2}x_1 = \sin\left(\frac{\pi}{2} - \sqrt{2}\pi\delta \right) + 1 = 1 + \cos\sqrt{2}\pi\delta$$

となる．最後に，ε を十分小さい正数としておけば，$\cos\sqrt{2}\pi\delta > y_1 - 1$ とできるので，命題 8.2 の証明が完了した．

（命題 8.1 の証明）ここでは高校で習う公式

$$\sin(-\theta) = -\sin\theta, \quad \sin(\pi + \theta) = -\sin\theta$$

を活用しよう．無理数 $\gamma = (\sqrt{2} + 1)^2$ による系 8.4 から，任意の正数 ε に対して，

$$0 < |\delta| < \varepsilon \quad \text{かつ} \quad \frac{1}{2}\left(\frac{\delta}{\pi(\sqrt{2}-1)} + (\sqrt{2}+1)^2\right) = n + m(\sqrt{2}+1)^2 \quad (8.1)$$

となる実数 δ と整数 n, m が存在する．ここで，

$$x_1 = 2n(\sqrt{2}-1)\pi, \quad x_2 = -(2m-1)(\sqrt{2}+1)\pi$$

を定めると，

$$\frac{1}{2}\left(\frac{x_1 - x_2}{\pi(\sqrt{2}-1)} + (\sqrt{2}+1)^2\right) = n + m(\sqrt{2}+1)^2$$

かつ

$$x_1 + 2n\pi = -\sqrt{2}x_1, \quad x_2 + 2m\pi = \sqrt{2}x_2 + \pi$$

となるから，$0 < |x_1 - x_2| < \varepsilon$ かつ $F(x_1) = F(x_2) = 0$ を得る．

*　　　　*　　　　*

8.4 さらなる悪戯

続いて，パラメータ t を用いた

曲線 C: $\quad x = \sin t, \quad y = \sin\sqrt{2}t \quad (0 \le t \le T)$

を考える．まず，$T = 10, 50, 100, 200$ のときのグラフを描いてみよう：

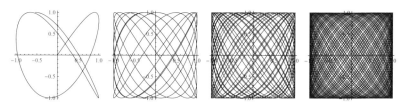

図 8.4

曲線がだんだんと，正方形 $S = [-1,1] \times [-1,1]$ を浮かび上がらせている様子が見て取れる．

> ▶ **注 8.3**　集合 S_1, S_2 について $S_1 \times S_2 = \{(s_1, s_2)\,; \, s_1 \in S_1, \; s_2 \in S_2\}$ を S_1 と S_2 の直積集合という．

さて，$T = \infty$ でグラフはどうなるだろうか．系 8.4 を用いると，

> **命題 8.5.** C のグラフは S に稠密である．

ということがわかる．

> ▶ **注 8.4**　xy 平面 $\mathbb{R}^2 = \mathbb{R} \times \mathbb{R} = \{(x,y)\,; \, x, y \in \mathbb{R}\}$ や xyz 空間 $\mathbb{R}^3 = \mathbb{R} \times \mathbb{R} \times \mathbb{R} = \{(x,y,z)\,; \, x,y,z \in \mathbb{R}\}$ の部分集合に対する稠密の定義は，前述した $\mathbb{R}$ の場合と同様である．

要するにグラフの点たちは，S の中にギッシリ詰まっていると見做せる．ただし，グラフが S に一致する，とまではならない！

> **命題 8.6.** S から任意に点 (x, y) を選んだとき，それが曲線 C 上の点である確率は 0 である．

一致しないどころか，「ルベーグ積分論」的には曲線 C 上の点は存在していないと見做せてしまう．さっき，ギッシリ詰まっていると言ったではないか！と抗議されそうだ．しかし「ギッシリ詰まっている」と「一致する」は全くの別概念なのである．

▶**注 8.5**　命題 8.5 については，$\sqrt{2}$ を一般の**無理数**に置き換えても成立する．一方，有理数にしてしまうと途端に偽となる．

続いて，xy 平面上の点

$$P_k = (\sin k, \sin \sqrt{2}k), \quad k = 1, 2, 3, \dots$$

による数列 $\{P_k\}_{k=1}^{N}$ を考る．これは明らかに曲線 C のグラフ上のみを走っている．まず，$N = 100, 500, 2000, 10000$ のときのグラフを描いてみよう：

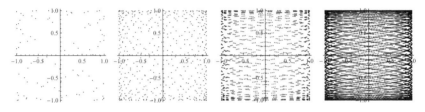

図 8.5

やはり点列たちは正方形 S を浮かび上がらせるようだ．実際に次を得る：

命題 8.7. 数列 $\{P_k\}_{k=1}^{\infty}$ によるグラフは S に稠密である．

命題 8.5 との大きな違いは，「無限に長い曲線（1 次元の図形）」ではなく「可算個の点の集まり（0 次元の図形）」だけで S（2 次元の図形）に稠密となっていることだ．

次に，xyz 空間上の点

$$Q_k = (\tan k, \tan \sqrt{2}k, \tan \sqrt{3}k), \quad k = 1, 2, 3, \dots$$

による数列 $\{Q_k\}_{k=1}^{N}$ を考る．$N = 5000, 30000$ によるグラフは，

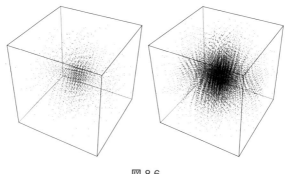

図 8.6

となった．ただし作画領域は，中心が原点で直径が 10 である直方体としており，実際に描かれている点の数はそれぞれ 3346, 20074 である．点たちは中心付近に密集しているようで，原点から離れるほどまばらになっている．ひょっとすると，$N \to \infty$ でも遠方ではスカスカなのかもしれない，と想像しそうになるが，実際はどうだろうか．

> **命題 8.8.** 数列 $\{Q_k\}_{k=1}^{\infty}$ によるグラフは xyz 空間そのもの（つまり $\mathbb{R}^3$）に稠密である．

なんと，3 次元空間 $\mathbb{R}^3$ にあるどの点を選んでも，その近傍で無数の Q_k たちがまとわりついているのだ．この命題から，

$\mathbb{R}^3$ の或る可算部分集合は，$\mathbb{R}^3$ に稠密である

という事実（可分という）を得る．「或る可算部分集合」としては，3 成分とも有理数となる点全体の集合 $\mathbb{Q}^3$ が有名だが，ナンバリング（番号付け）のルール作りが面倒である．それに比べて $\{Q_k\}_{k=1}^{\infty}$ は，明瞭にナンバリングされている点がうれしい．

命題 8.7 と 8.8 も「無理数の悪戯」による面白い現象である．では，証明は例によって定理 8.3 や系 8.4 を使えばよいのだろうか．命題 8.7 を示すためには，S の各点 (x, y) について，

$$k \sim \arccos x + 2m\pi \quad \text{と} \quad \sqrt{2}k \sim \arcsin y + 2n\pi$$

を**同時に**満たすような整数 k, m, n を探し出せればよい…のだが，定理 8.3 と系 8.4 だけでは本当にそのような整数 k が存在するかどうかはわからない．命題 8.8 の方はもっとわからない．ではどうするのか？ 気になる方は続きを読んで欲しい．

--------------------------------- **Coffee Break** ---------------------------------

定理 8.3，すなわちワイルの一様分布定理は，任意の $0 < a < b < 1$ と任意の**無理数** γ に対して

$$\lim_{N \to \infty} \frac{\#\{n = 1, 2, \ldots, N \,;\, a \leq \langle \gamma n \rangle \leq b\}}{N} = b - a$$

が成り立つというものであった．この定理はワイルが 1914 年に発表したのだが，そこでは「一般次元版」が扱われている．具体的には次のとおりである：

定理 8.9（d 次元版ワイルの一様分布定理）．$1, \gamma_1, \gamma_2, \ldots, \gamma_d$ は有理数体上線形独立，すなわち，

　もし有理数 $q_0, q_1, q_2, \ldots, q_d$ が $q_0 + q_1\gamma_1 + q_2\gamma_2 + \cdots + q_d\gamma_d = 0$ を満たすとき，$q_0 = q_1 = q_2 = \cdots = q_d = 0$ である

とする．さらに $0 < a_j < b_j < 1$ $(j = 1, 2, \ldots, d)$ としたとき，

$$\lim_{N \to \infty} \frac{\#\left\{n = 1, 2, \ldots, N \,;\, \begin{array}{l} \text{すべての } j = 1, 2, \ldots, d \text{ で,} \\ a_j \leq \langle \gamma_j n \rangle \leq b_j \end{array}\right\}}{N}$$
$$= (b_1 - a_1) \times (b_2 - a_2) \times \cdots \times (b_d - a_d).$$

$1, \gamma_1, \gamma_2, \ldots, \gamma_d$ が有理数体上線形独立であるとき，自動的に $\gamma_1, \gamma_2, \ldots, \gamma_d$ は無理数となることに注意されたい．さて，定理 8.9 から系 8.4 の一般次元版が得られる：

系 **8.10.** $1, \gamma_1, \gamma_2, \ldots, \gamma_d$ は有理数体上線形独立とする. 実数 $x_1, x_2, \ldots, x_d$ を任意に選ぶ. このとき任意の $\varepsilon > 0$ に対して, $|x_j - n_j - \gamma_j m| < \varepsilon \ (j = 1, 2, \ldots, d)$ となる自然数 m と整数 $n_1, n_2, \ldots, n_d$ が存在する.

この命題を用いれば, 先の命題 8.7 と 8.8 を示すことができる. 例えば, $1, (2\pi)^{-1}$ と $(\sqrt{2}\pi)^{-1}$ は有理数体上線形独立だから, S の任意の点 (x, y) に対して

$$-m + \frac{1}{2\pi}k \sim \frac{\arccos x}{2\pi} \quad \textbf{かつ} \quad -n + \frac{1}{\sqrt{2}\pi}k \sim \frac{\arcsin y}{2\pi}$$

たる自然数 k と整数 m, n が存在するわけで, これを整理すると

$$k \sim \arccos x + 2m\pi \quad \text{と} \quad \sqrt{2}k \sim \arcsin y + 2n\pi$$

となり, 命題 8.7 を得る.

それでは最後に, 定理 8.9 の証明を紹介しよう. とはいっても, $d = 2$ のときの大雑把なものであるが.

$$* \qquad * \qquad *$$

(大きな目標) 周期 2π をもつ 2 変数関数 $z = f(x, y)$, つまり

$$f(x + 2\ell\pi, y + 2m\pi) = f(x, y), \quad (x, y) \in \mathbb{R}^2 \quad (\ell, m \text{ は整数})$$

を満たす関数 f について

$$\lim_{N \to \infty} \frac{1}{N} \sum_{n=1}^{N} f(2\pi n\gamma_1, 2\pi n\gamma_2) = \frac{1}{(2\pi)^2} \int_{-\pi}^{\pi} \int_{-\pi}^{\pi} f(x, y) dx dy \qquad (8.2)$$

が成り立つことを示したい. もし $[2\pi a_1, 2\pi b_1] \times [2\pi a_2, 2\pi b_2]$ の指示関数

$$\chi(x, y) = \begin{cases} 1 & (2\pi a_1 \le x \le 2\pi b_1 \text{ かつ } 2\pi a_2 \le y \le 2\pi b_2 \text{ のとき}), \\ 0 & (\text{その他}) \end{cases}$$

を周期化したもの ($\tilde{\chi}(x, y)$ とおく) も (8.2) が適用可能となれば, 単純計算で

定理 8.9 を得る.

(Step 1) $f(x,y) = \exp(i\ell x + imy)$ (ℓ, m は整数) の場合を考える. $\ell = m = 0$ のときは明らかに (8.2) の両辺は 1 である.

以下, $\ell = m = 0$ 以外のときを見ていこう. まず (8.2) の右辺は 0 となる. 一方, γ_1 と γ_2 の条件から, $\ell\gamma_1 + m\gamma_2$ が整数にならないので,

$$\frac{1}{N}\sum_{n=1}^{N} f(2\pi n\gamma_1, 2\pi n\gamma_2) = \frac{1}{N}\sum_{n=1}^{N}\exp(i2\pi n(\ell\gamma_1 + m\gamma_2))$$
$$= \frac{1}{N}\exp(i2\pi(\ell\gamma_1 + m\gamma_2))\frac{1 - \exp(i2\pi N(\ell\gamma_1 + m\gamma_2))}{1 - \exp(i2\pi(\ell\gamma_1 + m\gamma_2))}$$

となり,

$$\lim_{N\to\infty}\frac{1}{N}\exp(i2\pi(\ell\gamma_1 + m\gamma_2))\frac{1 - \exp(i2\pi N(\ell\gamma_1 + m\gamma_2))}{1 - \exp(i2\pi(\ell\gamma_1 + m\gamma_2))} = 0$$

を得る. すなわち, (8.2) が成り立つ.

(Step 2) $f(x,y)$ を 2 変数の有限フーリエ級数

$$\sum_{m=-L}^{L}\sum_{\ell=-L}^{L} a_{\ell,m}\exp(i\ell x + imy) \quad (L\text{ は正整数})$$

とした場合は, Step 1 から

$$\lim_{N\to\infty}\frac{1}{N}\sum_{n=1}^{N} f(2\pi n\gamma_1, 2\pi n\gamma_2) = a_{0,0}$$

となることがわかる. やはり (8.2) が成り立つ.

(Step 3) $f(x,y)$ を周期 2π をもつ連続関数とする. このとき, f は 2 変数のフーリエ級数に一様収束する (☞ 定理 14.27 と注 14.11 を参照):

$$f(x,y) = \sum_{m=-\infty}^{\infty}\sum_{\ell=-\infty}^{\infty} a_{\ell,m}\exp(i\ell x + imy).$$

ただし, $a_{\ell,m}$ たちは f によって確定する係数で, 特に

$$a_{0,0} = \frac{1}{(2\pi)^2}\int_{-\pi}^{\pi}\int_{-\pi}^{\pi} f(x,y)dxdy$$

で与えられる．一様収束性のおかげで，関数 $f(x,y)$ は，十分大きい L による有限フーリエ級数に殆ど等しくなる：

$$f(x,y) \sim \sum_{m=-L}^{L} \sum_{\ell=-L}^{L} a_{\ell,m} \exp(i\ell x + imy).$$

さらに Step 2 と合わせることで，

$$\lim_{N \to \infty} \frac{1}{N} \sum_{n=1}^{N} f(2\pi n\gamma_1, 2\pi n\gamma_2) \sim a_{0,0}$$

も得る．それどころか，$L \to \infty$ によって誤差を消すことができ，めでたく (8.2) が成り立つ．

(Step 4) 件の周期化した指示関数 $\tilde{\chi}(x,y)$ 自体は連続ではないので，ひと工夫する．十分小さい $\varepsilon > 0$ を任意に選び，周期 2π をもつ連続関数 $f_-(x,y), f_+(x,y)$ を

- すべての (x,y) で $f_-(x,y) \leq \tilde{\chi}(x,y) \leq f_+(x,y)$,
- $\dfrac{1}{(2\pi)^2} \int_{-\pi}^{\pi} \int_{-\pi}^{\pi} f_+(x,y)dxdy \leq (b_1 - a_1)(b_2 - a_2) + \varepsilon$,
- $\dfrac{1}{(2\pi)^2} \int_{-\pi}^{\pi} \int_{-\pi}^{\pi} f_-(x,y)dxdy \geq (b_1 - a_1)(b_2 - a_2) - \varepsilon$

を満たすようにとる．これらの条件と Step 3 により，この指示関数でも (8.2) が得られる．

＊　　　＊　　　＊

いかがだろうか？　ゼロ点の分布を調べるつもりで始めたが，思わぬ所にフーリエ解析が絡んでいた！　等式 (8.2) も興味深い．多変数連続周期関数の定積分が，**1 変数** n による数列 $\{f(2\pi n\gamma_1, 2\pi n\gamma_2)\}_{n=1}^{\infty}$ の「平均値」に一致しているのだ．この事実は我々に，$\mathbb{R}^2$ の点列

$$\left\{ \left(\langle \gamma_1 n \rangle, \langle \gamma_2 n \rangle \right) \right\}_{n=1}^{\infty} \quad (\text{クロネッカーの数列という})$$

が正方形 $[0,1] \times [0,1]$ 内で**隙間なく均一に**散らばっていることを再確認させる．少し言い換えれば，この点列は，周期関数の数値積分を求める際の良い標本と

なっている．あれ？　非周期関数が主役だったのに，おわりは周期関数になって
しまった．

章末問題

問 8.1　（命題 8.2 を使わないで）命題 8.1 から $y = F(x)$ が非周期関数で
あることを示せ．

問 8.2　定理 8.3 を用いて系 8.4 を示せ．

問 8.3　命題 8.5 を証明せよ．

問 8.4　実数 γ_1, γ_2 のうち，「γ_1 と γ_2 は有理数体上線形独立」であるが「1
と γ_1 と γ_2 は有理数体上線形独立でない」例を挙げよ．

問 8.5　定理 8.9 を用いて系 8.10 を示せ．

問 8.6　$1, (2\pi)^{-1}$ と $(\sqrt{2}\pi)^{-1}$ は有理数体上線形独立であることを示せ．

問 8.7　d 次元版の (8.2) はどういうものか記述せよ．

問 8.8　定理 8.9 を厳密に証明せよ．

問 8.9　1 次元版の (8.2) を用いて $\lim_{N\to\infty} \frac{1}{N} \sum_{k=1}^{N} |\sin k|$ の値を求めよ．

問 8.10　d 次元版と 1 次元版の (8.2) を用いて

$$\int_{-\pi}^{\pi} \cdots \int_{-\pi}^{\pi} \int_{-\pi}^{\pi} \cos(x_1 + x_2 + \cdots + x_d) dx_1 dx_2 \cdots dx_d$$

の値を求めよ．

問 8.11　数列 $\lim_{N\to\infty} \frac{1}{N} \sum_{k=1}^{N} |\sin k + \sin\sqrt{5}k|$ の値を求めよ．

問 8.12　命題 8.7 を厳密に証明せよ．

問 8.13　命題 8.8 を証明せよ．

問 8.14　関数 $y = \sin x + \sin\sqrt{2}x + \sin\sqrt{3}x$ の値域を求めよ．

問 8.15　xy 平面上の点

$$R_k = (\sin\sqrt{2}k \sin k, \sin\sqrt{2}k \cos k), \quad k = 1, 2, 3, \ldots$$

による数列 $\{R_k\}_{k=1}^{\infty}$ は，どのような図形に稠密となるか答えよ．

第 II 部

変な関数・中級編と
少しだけ上級編

9章
ランベルトの**W**関数

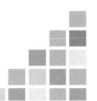

9.1 プロローグ

　未知なる数 x で構成される「方程式」といえば，中学校時代から…いや場合によっては小学校時代から学び始める項目だ．数学好きなら良い意味で敏感に反応するが，嫌いな人は悪い意味で過敏になるものだ．それはともかく，多くの人が思い浮かべる方程式は，$x^2 - 3x + 5 = 0$ のような，多項式 $= 0$ という形だろう．それらは代数方程式というのだが，そうでないものを**超越方程式**と呼ぶ．例えば，$2\sin x = x$ や $x^2 - 2x + 4 = \tan^3(2x - 3)$ のようなものである．（4次までの）代数方程式とは異なり，超越方程式は，代数的解法（加減乗除と冪根のみで解を表現する方法）は無い．しかし少し開き直って，超越方程式に基づいて新たな関数を作ることで，恩恵が得られることもある．とても簡単な例として，y を既知な数とした超越方程式 $e^x = y$ を挙げよう．この答えは $x = \log y$ である．つまり対数関数が出現したわけだ．対数関数の重要性はもはや語るまでもない．同様に，$\arcsin, \arccos, \arctan$ などの逆三角関数も超越方程式から出現するものといえる．

　先ほどの $e^x = y$ を少し変えた

$$xe^x = y$$

を考えよう．少し変えただけなのだが，この方程式の解は，高校や大学教養で学ぶ関数だけでは表現できないことがわかっている．そこで新たに関数を作って考えることにする．いや待て，そんなことをしていたら無尽蔵に関数ができて収拾がつかないだろ，という声が聞こえてきた．確かにそうなのだが，この関数は意外なところで出現して役に立つので許して欲しい．

9.2 関数 W の定義

まず $y = xe^x$ のグラフ（太線）を見てみよう：

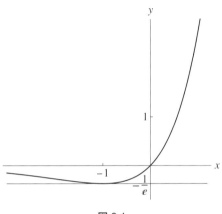

図 9.1

グラフより，超越方程式 $xe^x = y$ について次のことがわかる：

- $y \geq 0$ のとき，**ただ一つ**の実数解 x が存在する．それを $W(y)$ と書く．当然，$W(y)e^{W(y)} = y$ となる．
- $-e^{-1} < y < 0$ のとき，実数解 x が **2つ**存在する．**大きい方**，より詳しくいえば，-1 より大きい解を $W(y)$ と書く．
- $y = -e^{-1}$ のとき，**ただ一つ**の実数解 $x = -1$ が存在する．それを $W(-1/e)$ と書く．
- $y < -e^{-1}$ のとき，実数解は存在しない．

こうして得られた関数 $x = W(y)\ (y \geq -e^{-1})$ を**ランベルトの W 関数**または**対数積**という．関数 W は，$W(0) = 0$ を満たしつつ，閉区間 $[-e^{-1}, \infty)$ で連続であり，開区間 $(-e^{-1}, \infty)$ にて解析的である．ここで，W のグラフを載せておく：

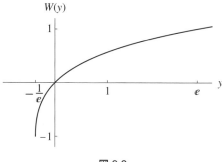

図 9.2

以下では，この関数 W の小話を幾つか述べていく.

9.3 幾つかの超越方程式

関数 W を使ってよいのなら，指数関数と多項式による超越方程式を解ける場合がある．例えば，$3x + 2 = e^{-4x-3}$ では

$$3x + 2 = e^{-4x-3}$$

$$(3x + 2)e^{4x+3} = 1$$

$$\frac{3}{4}\left(4x + \frac{8}{3}\right)e^{4x+\frac{8}{3}+\frac{1}{3}} = 1$$

$$\left(4x + \frac{8}{3}\right)e^{4x+\frac{8}{3}} = \frac{4}{3}e^{-\frac{1}{3}}$$

$$4x + \frac{8}{3} = W\left(\frac{4}{3}e^{-\frac{1}{3}}\right)$$

$$x = \frac{1}{4}\left\{W\left(\frac{4}{3}e^{-\frac{1}{3}}\right) - \frac{8}{3}\right\}$$

となる．また，$(2x^2 + x - 3)e^{2x} = e^{-4x^2}$ は，

$$x = \frac{1}{2}\left(-\frac{1}{2} \pm \sqrt{\frac{25}{4} + W\left(2e^{-6}\right)}\right)$$

という解を得る.

次に超越方程式

$$x = e^{-x} \quad \text{もしくは} \quad xe^x = 1$$

を見てみよう．これは直ちに $x = W(1) = 0.56714329\ldots$ という解を得る．この定数 $W(1)$ は Ω とも書かれ，**オメガ定数**と呼ばれている．Ω は $\Omega e^\Omega = 1$ が成り立つことはいうまでもないが，これだけで面白い公式がたくさん得られる：

- $1 + \Omega = W(e + e\Omega^{-1})$.
- $k\Omega = W(k\Omega^{1-k}) \ (k > 0)$.
- $k^{-\Omega} = \Omega^{\log k} \ (k > 0)$.
- $x = e^\Omega$ は超越方程式 $x^x = e \ (x > 0)$ の解.
- $\Omega = \left(\dfrac{1}{e}\right)^{\left(\frac{1}{e}\right)^{\left(\frac{1}{e}\right)^{\cdot^{\cdot^{\left(\frac{1}{e}\right)^\Omega}}}}}$.
- $\Omega = \left(\dfrac{1}{e}\right)^{\left(\frac{1}{e}\right)^{\left(\frac{1}{e}\right)^{\cdot^{\cdot^{\cdot}}}}}$.

9.4 空気抵抗

重力加速度が g，空気抵抗係数が k となっている世界で，質量 m の質点 P を初速 v で投擲することを試みる．**なるべく遠くまで飛ばすためには**，大地に対しどのような角度で投擲すべきだろうか．「投擲」については，少し設定が曖昧なので，よりしっかりした問題設定を書いておこう：

> 重力加速度が y 軸の負の方向に働いているような xy 平面を考える．質点 P は，初期時刻 $t = 0$ で原点 $(0, 0)$ にあり，初速度 $(v\cos\theta, v\sin\theta)$ $(v > 0$, $0 < \theta < \pi/2)$ をもっているとする．このとき，P はいったん第一象限内を通過した後，或る時刻で x 軸に接触する．その座標を $(x_\theta, 0)$ とするとき，x_θ が最大となる θ （今後それを θ_M と呼ぶ）を求めよ．

$k = 0$, すなわち空気抵抗を考慮しなくてよいときは $\theta_M = \frac{\pi}{4}$（ラジアン）であることは有名だ．では，$k > 0$ のときはどうだろうか．$\frac{\pi}{4}$ より大きくすべきか小さくすべきか，それすらよくわからない．実は，そんな θ_M に関数 W が関

わっているのだ.

とりあえず P の位置を $(x(t), y(t))$ として運動方程式を書いてみよう:

$$
\begin{cases}
m\big(\ddot{x}(t),\,\ddot{y}(t)\big) = \big(-k\dot{x}(t),\,-k\dot{y}(t)-mg\big), \quad t > 0, \\
\big(x(0),\,y(0)\big) = (0,0), \\
\big(\dot{x}(0),\,\dot{y}(0)\big) = (v\cos\theta, v\sin\theta).
\end{cases}
$$

これを解くと,

$$
x(t) = v\cos\theta \cdot \frac{m}{k}\left(1 - \exp\left(\frac{-kt}{m}\right)\right),
$$
$$
y(t) = \left(\frac{mg}{k} + v\sin\theta\right)\frac{m}{k}\left(1 - \exp\left(\frac{-kt}{m}\right)\right) - \frac{mgt}{k}
$$

なる解を得る. 2 つ目の式より, P が再び x 軸に接触する時刻 $T_\theta\,(>0)$ は

$$
\frac{mgT_\theta}{k} = \left(\frac{mg}{k} + v\sin\theta\right)\frac{m}{k}\left(1 - \exp\left(\frac{-kT_\theta}{m}\right)\right) \tag{9.1}
$$

を満たすことがわかる. もう少し詳しく調べると,

- T_θ は, θ を変数とする関数として閉区間 $[0, \pi/2]$ で連続である. ただし, $T_0 = 0$ とし, $T_{\pi/2}$ は T による超越方程式

$$
\frac{mgT}{k} = \left(\frac{mg}{k} + v\right)\frac{m}{k}\left(1 - \exp\left(\frac{-kT}{m}\right)\right)
$$

  の正値解とした.
- T_θ は, 開区間 $(0, \pi/2)$ で C^1 級である.

という事実を得る.

いま調べたい x_θ は,

$$
x_\theta = x(T_\theta) = v\cos\theta \cdot \frac{m}{k}\left(1 - \exp\left(\frac{-kT_\theta}{m}\right)\right) \tag{9.2}
$$

であることに注意すると

- x_θ は, θ を変数とする関数として閉区間 $[0, \pi/2]$ で連続である. ただし, $x_0 = x_{\pi/2} = 0$ とした.

- x_θ は，開区間 $(0, \pi/2)$ で C^1 級である．

を得る．したがって，

$$\frac{dx_\theta}{d\theta} = 0 \tag{9.3}$$

たる θ のどれかが θ_M となる．

以下では，θ は (9.3) を満たすものとする．(9.2) の両辺を微分すると

$$-v\sin\theta \cdot \frac{m}{k}\left(1 - \exp\left(\frac{-kT_\theta}{m}\right)\right) + v\cos\theta \cdot \exp\left(\frac{-kT_\theta}{m}\right)\frac{dT_\theta}{d\theta} = 0$$

が成り立つ．一方，(9.1) から

$$\frac{mg}{k}\frac{dT_\theta}{d\theta} = v\cos\theta \cdot \frac{m}{k}\left(1 - \exp\left(\frac{-kT_\theta}{m}\right)\right) \\ + \left(\frac{mg}{k} + v\sin\theta\right)\exp\left(\frac{-kT_\theta}{m}\right)\frac{dT_\theta}{d\theta}$$

となるので，

$$\frac{mg}{k}\frac{dT_\theta}{d\theta} = v\cos\theta \cdot \frac{\cos\theta}{\sin\theta}\exp\left(\frac{-kT_\theta}{m}\right)\frac{dT_\theta}{d\theta} \\ + \left(\frac{mg}{k} + v\sin\theta\right)\exp\left(\frac{-kT_\theta}{m}\right)\frac{dT_\theta}{d\theta}$$

を得る．そこで $\dfrac{dT_\theta}{d\theta}$ を除去して整理すると

$$\exp\left(\frac{kT_\theta}{m}\right) = 1 + \frac{A}{\sin\theta} \quad \left(\text{ただし } A = \frac{kv}{mg}\right) \tag{9.4}$$

に至り，(9.1) から

$$\frac{kT_\theta}{m} = 1 + \frac{A^2 - 1}{1 + \dfrac{A}{\sin\theta}}$$

が成り立つ．ここでさらに $B = \left(1 + \frac{A}{\sin\theta}\right)^{-1}$ とおくと，等式 (9.4) から $Be^{1+(A^2-1)B} = 1$ となり，結局

$$(A^2 - 1)Be^{(A^2-1)B} = \frac{A^2 - 1}{e}$$

を得る．そう，関数 W を使う時がきたのだ：

$$(A^2 - 1)B = W\left(\frac{A^2 - 1}{e}\right).$$

これを整理すると

$$\theta = \csc^{-1}\left(\frac{A^2 - 1}{AW\left(\frac{A^2-1}{e}\right)} - \frac{1}{A}\right) = \csc^{-1}\left(\frac{\exp\left(1 + W\left(\frac{A^2-1}{e}\right)\right) - 1}{A}\right)$$

に至る．ただし，$x = \csc^{-1} y$ は $y = 1/\sin x$ の逆関数である．この θ 以外に (9.3) を満たすものはないので，

$$\theta_M = \csc^{-1}\left(\frac{\exp\left(1 + W\left(\frac{A^2-1}{e}\right)\right) - 1}{A}\right)$$

が得られた．

念のため，$k = v = m = g = 1$ のときの投擲の様子を見ておこう．

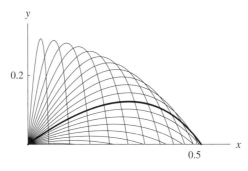

図 9.3

様々な角度で投擲してみたが，やはり θ_M による軌跡（太線）が最も遠方にあるようだ．

9.4.1 $\theta_M(A)$

興味深いのは，θ_M は $A = \frac{kv}{mg}$ というたった一つの無次元量で決定されるということだ．以後 θ_M を，変数 A の関数 $\theta_M(A)$ として見ていこう．

$\theta_M(A)$ のグラフは以下の太線である：

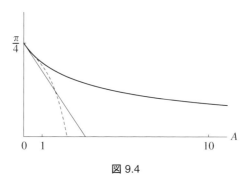

図 9.4

グラフからも見て取れるように，$\theta_M(A)$ は狭義単調減少している．特に，

空気抵抗が無視できないときは，最適角度は $\frac{\pi}{4}$ より**小さい**

ことがわかる．さらに，$A \to +0$ のとき $\theta_M(A) \to \frac{\pi}{4}$ となる．つまり，

空気抵抗を限りなく無くしていくと，θ_M は「自由落下のときの最適角度 $\frac{\pi}{4}$」そのものに限りなく近づく

となる．一方，$A \to +\infty$ のとき $\theta_M(A) \to 0$ であることもわかる．

$\theta_M(A)$ は厳密に定義された関数であるものの，なじみが無さすぎるのでイメージが湧きにくい．例えば，A がとても小さい正数であるとき，$\theta_M(A)$ はどの程度の速さで減少しているのだろうか．この疑問については，近似式

$$\theta_M(A) \sim \frac{\pi}{4} - \frac{\sqrt{2}}{6}A \quad (\text{図 9.4 の細線})$$

が答えになる．もう少し精度を上げるとなると，

$$\theta_M(A) \sim \frac{\pi}{4} - \frac{\sqrt{2}}{6}A + \frac{1}{9}A^2 - \frac{149\sqrt{2}}{3240}A^3 \quad (\text{図 9.4 の破線})$$

のようになる．

最後に，具体的な $\theta_M(A)$ の値を見ておこう．

- $\theta_M(\sqrt{1 - 0.99e^{0.01}}) = \csc^{-1}\left(\dfrac{e^{0.01} - 1}{\sqrt{1 - 0.99e^{0.01}}}\right) \sim \dfrac{\pi}{4} - 0.001667.$

- $\theta_M(1) = \csc^{-1}(e - 1) \sim 0.621157.$

- $\theta_M(\sqrt{e + 1}) = \csc^{-1}\left(\dfrac{e/\Omega - 1}{\sqrt{e + 1}}\right) \sim 0.533312.$

- $\theta_M(\sqrt{e^2 + 1}) = \csc^{-1}\left(\dfrac{e^2 - 1}{\sqrt{e^2 + 1}}\right) \sim 0.470504.$

- $\theta_M(\sqrt{100e^{101} + 1}) = \csc^{-1}\left(\dfrac{e^{101} - 1}{\sqrt{100e^{101} + 1}}\right) \sim 1.1698459 \times 10^{-21}.$

9.5　複素化

z を既知な複素数，w を未知な複素数とした超越方程式 $we^w = z$ を考えるにあたり，関数 W を「複素化」してみよう．すなわち，いまのところ区間 $[-e^{-1}, \infty)$ で定められている W について，複素平面 $\mathbb{C}$ 上に定義域を拡張させる（大まかにいえば複素変数の関数に拡張させる）ことを試みる．

例えば，

　　$[-e^{-1}, \infty)$ に属さない複素数 z では $W(z) = 0$ とする

なんて定義を与えてみる．めでたく $\mathbb{C}$ 全体で定義はされるが，全く意味を成さない出鱈目な拡張である！

では，

　　超越方程式 $we^w = z$ を満たす解 w を $W(z)$ とする

ではどうか？　うーん，悪くないがやや説明不足である．$z \neq 0$ のときは解が無限個出てしまうのだ．

▶ **注 9.1**　例えば，$w = 1$ は明らかに $we^w = e$ の解であるが，他に $w \sim -0.53209212 + 4.59715801i$ も解となる！　ちなみに，複素数 z に対する e^z の定義等は，例 14.3 をご覧いただきたい．

各 z に対して，どの解を $W(z)$ とするのか？という疑問が残る．そろそろ答えを示そう．

定理 9.1. 複素関数 $w = \mathcal{W}(z)$ で，次を満たすものが**一つだけ**ある：

- $\mathcal{W}$ は $\mathbb{C} \setminus (-\infty, -e^{-1})$ で定義され単射かつ連続.
- $\mathcal{W}$ は $\mathbb{C} \setminus (-\infty, -e^{-1}]$ で解析的（各 z の或る周辺でテイラー展開可能であること．詳しくは第 III 部 14.3.1 項を参照されたし）.
- z が $[-e^{-1}, \infty)$ の点であるとき，$\mathcal{W}(z) = W(z)$.

さらに $\mathcal{W}(z)e^{\mathcal{W}(z)} = z$ が成り立つ．

複素関数 $\mathcal{W}(z)$ は，もともと定義されている実数値関数 W を「極めて自然に，滑らかさも維持する形で」拡張したものである．しかも，そのような拡張はたった一種類しかないこともわかる．そしてありがたいことに，$w = \mathcal{W}(z)$ は依然として超越方程式 $we^w = z$ の解である．一方で，$\mathcal{W}$ をイメージしにくいのが悩ましい．そこで以下に，z 平面にある「極座標」が，$\mathcal{W}$ によって w 平面へ写る様子を描く：

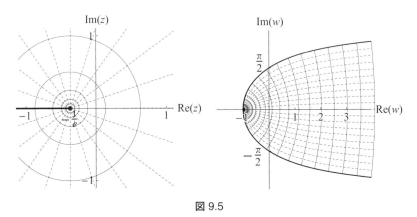

図 9.5

ここでいう「極座標」とは，
$$z = -\frac{1}{e} + 2^k e^{i\ell\pi/10}, \quad \ell = 0, \pm 1, \pm 2, \ldots, \pm 9, \ k = 0, \pm 1, \pm 2, \ldots$$
で表されているものだ．図 9.5 右は $\mathcal{W}$ の値域であり，具体的には

$$\mathcal{R} = \left\{ x + iy \,;\; -\pi < y < \pi \text{ かつ } x > -\frac{y}{\tan y} \right\} \cup \{(-1, 0)\}$$

と書かれる．ただし，$y = -\frac{\pi}{2}, 0, \frac{\pi}{2}$ のときはそれぞれ $-\frac{y}{\tan y} = 0, -1, 0$ と置き換える．したがって，$\mathcal{W}$ は $\mathbb{C} \setminus (-\infty, -\frac{1}{e})$ から $\mathcal{R}$ への全単射である．

例えば，オイラーの公式から $w = i\pi$ は超越方程式 $we^w = -i\pi$ の解であることがわかる．では $\mathcal{W}(-i\pi) = i\pi$ としてよいのだろうか？ $i\pi$ は $\mathcal{R}$ には属さないから答えは No であり，実際は

$$\mathcal{W}(-i\pi) \sim 0.9245393707422119723 - 0.8357786259241871568\,i$$

となる．このように，超越方程式の解だからといって，即 $\mathcal{W}$ で表せるわけではないことに注意しよう．

9.6 $i^{i^{i^{\cdot^{\cdot^{\cdot}}}}}$

0 でない複素数 α の，複素数 β 乗である α^β は

$$\alpha^\beta = \exp(\beta \log \alpha)$$

によって与えられる．複素数の対数 $\log \alpha$ はどう考えるかというと，α を極座標表示 $re^{i\theta}$ $(r > 0, -\pi < \theta \le \pi)$ に直したうえで

$$\log \alpha = \log r + i\theta$$

と定める．これはよく知られている冪乗（正数 a と実数 b による a^b）の自然な一般化となっている．

試しに一つ計算してみよう（オイラーの公式と指数法則を使用）：

$$\begin{aligned}
(-\sqrt{3} + i)^{3+2i} &= (2e^{i\frac{5}{6}\pi})^{3+2i} = \exp\left(\left(\log 2 + i\frac{5}{6}\pi \right)(3 + 2i) \right) \\
&= \exp\left(3\log 2 - \frac{5}{3}\pi + i\left(2\log 2 + \frac{5}{2}\pi \right) \right) \\
&= 8e^{-\frac{5}{3}\pi}(-\sin 2\log 2 + i\cos 2\log 2).
\end{aligned}$$

続いて, i^i をやってみよう. さぞかし複雑な複素数になると思いきや…

$$i^i = (e^{i\frac{\pi}{2}})^i = e^{-\frac{\pi}{2}}$$

なんと実数になった! それでは i^{i^i} はどうか?

$$i^{i^i} = (e^{i\frac{\pi}{2}})^{e^{-\frac{\pi}{2}}} = \cos\left(\frac{\pi}{2}e^{-\frac{\pi}{2}}\right) + i\sin\left(\frac{\pi}{2}e^{-\frac{\pi}{2}}\right)$$

ということで, 今度は単位円周 $|z| = 1$ 上の点となった. それでは $i^{i^{i^i}}$ や $i^{i^{i^{i^i}}}$ は…? 図 9.6 では, 自然数 n を上げていったとき, $\left. i^{i^{\cdot^{\cdot^i}}} \right\} n$ がどのように推移しているかを示している.

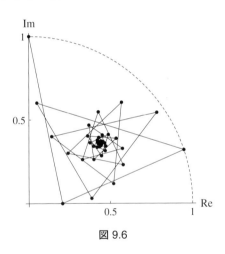

図 9.6

どうやら

- $n \to \infty$ のとき或る 1 点に収束していて,
- 極限値は, 扇形 $S = \{z; |z| < 1, \, 0 < \arg z < \pi/2\}$ の内部に居る

ようだが, それは実際に正しい. では, 極限値はどのような値だろうか. いま,

$$i_\infty = \lim_{n\to\infty} \left. i^{i^{\cdot^{\cdot^i}}} \right\} n$$

と定める. $z \mapsto i^z$ という複素関数は連続であるから

$$i^{i\infty} = \lim_{n\to\infty} \left. i^{i^{\cdots^{i}}} \right\} n+1 = i_\infty$$

を得る．つまり，$w = i_\infty$ は超越方程式 $i^w = w$ の解である．この方程式は

$$\left(-i\frac{\pi}{2}w\right)\exp\left(-i\frac{\pi}{2}w\right) = -i\frac{\pi}{2}$$

と書き直せるわけで，明らかに $-i\frac{\pi}{2}w$ は $\mathcal{R}$ に属するから，

$$i^{i^{i^{\cdots}}} = i\frac{2}{\pi}\mathcal{W}\left(-i\frac{\pi}{2}\right) \sim 0.4382829367 + 0.3605924719\,i$$

が成り立つことがわかった．

上の議論を整理すると，

$$\lim_{n\to\infty} \left. \alpha^{\alpha^{\cdots^{\alpha}}} \right\} n = \frac{\mathcal{W}(-\log\alpha)}{-\log\alpha} \tag{9.5}$$

となることが期待される．例えば，9.3 節にて $\Omega = \left(\frac{1}{e}\right)^{\left(\frac{1}{e}\right)^{\left(\frac{1}{e}\right)^{\cdots}}}$ を紹介したが，

$$\frac{\mathcal{W}(-\log e^{-1})}{-\log e^{-1}} = W(1) = \Omega$$

から，適合していることがわかる．一方，(9.5) が不適合になってしまう α もたくさんある．ではどのような α であればよいのだろうか．

定理 9.2 (Baker & Rippon (1983) など)．複素数 α が，

> $|\mathcal{W}(-\log\alpha)| < 1$ または「或る自然数 n で $\mathcal{W}(-\log\alpha)^n = 1$」

を満たすとき，(9.5) が成り立つ．一方，$|\mathcal{W}(-\log\alpha)| > 1$ のとき数列は発散する．

演算 $\left. \alpha^{\alpha^{\cdots^{\alpha}}} \right\} n$ は**テトレーション**と呼ばれる．テトラ (tetra) はギリシア語倍数接頭辞として「4」を表す．なぜ「4」かというと，「1」足し算 $a+n$，「2」掛け算 $a \times n$，「3」冪乗 a^n に続く演算だからだ．

▶ **注 9.2** ちなみに「5」はペンテーション (pentation) といい,

$$\underbrace{a^{a^{\cdot^{\cdot^{\cdot^a}}}}\Big\} \ a^{a^{\cdot^{\cdot^a}}}\Big\} \cdots \Big\} \ a^{a^{\cdot^{\cdot^a}}}\Big\} a}_{n}$$

なる演算を指す. ただしこの場合, a は正整数とすることが基本であり, テトレーションのように複素数全体へ "自然に" 拡張させることは困難である. なお, この演算は後々再登場する.

冪乗 α^n が $n \to \infty$ のときに収束するための必要十分条件は, $|\alpha| < 1$ または $\alpha = 1$ であることはよく知られている. 定理 9.2 では, テトレーションのときにどうなるかを解き明かしており, 関数 $\mathcal{W}$ が本質的に寄与していることがわかる.

章末問題

問 9.1 超越方程式 $(3x + 2)e^x = 3$ の実数解を, W を用いて求めよ.

問 9.2 超越方程式 $(2x^2 + x - 3)e^{2x} = e^{-4x^2}$ の実数解を, W を用いて求めよ.

問 9.3 超越方程式 $e^{-2x^2} = 3x$ の実数解を, W を用いて求めよ.

問 9.4 超越方程式 $(3e^3)^{x+2} = e^5 \left(1 + \frac{5}{3x+1}\right)^{x+2}$ の正値解を, 定数 Ω を用いて求めよ.

問 9.5 $\Omega + \Omega^2 + \log\log\left(\frac{1}{\Omega}\right)^{\Omega^\Omega}$ を簡単にせよ.

問 9.6 $x = 2 + W(2 + W(2))$ が解となる超越方程式を一つ挙げよ.

問 9.7 超越方程式 $x^{x^{x+1}} = e$ の正値解を, W と Ω を用いて求めよ.

問 9.8 $\lim_{A \to +0} \theta_M(A) = \frac{\pi}{4}$ を示せ.

問 9.9 $\lim_{A \to +0} \frac{d}{dA}\theta_M(A) = -\frac{\sqrt{2}}{6}$ を示せ.

問 9.10 $\mathcal{W}\left(e^{\pi/\sqrt{2}}\left(\frac{1}{2} + i\frac{\sqrt{3}}{2}\right)\left(i\frac{2\pi}{3} - \frac{\pi}{\sqrt{2}}\right)\right)$ を簡単にせよ.

問 9.11 $\lim_{n \to \infty} \underbrace{(1+i)^{(1+i)^{\cdot^{\cdot^{\cdot^{(1+i)}}}}}}_{n}$ は存在するか否か答えよ. 存在する場合, 極限値を $\mathcal{W}$ を用いて表せ.

問 9.12 $\lim_{n\to\infty} \left.\begin{array}{c}(-1+i)^{(-1+i)^{\cdot^{\cdot^{(-1+i)}}}}\end{array}\right\}n$ は存在するか否か答えよ. 存在する場合, 極限値を W を用いて表せ.

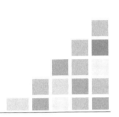

10章
ビックリ

10.1 プロローグ

冗談でも何でもなく，真剣に，私はいま怒っている．もっと関数の知識が世間に広まればいいのに．テレビをつけると，

> **A** いまの増え方は，3日で2倍，次の3日で2倍，次の次の3日で2倍となっているんです．この増え方が続いていくのです．1か月経つと，とんでもないことになるんです．
>
> **B** あぁ，1か月を30日とすると，3日の塊が10個あるから，2×10 で20倍ですね．
>
> **A** えっと…，まぁそんなところですね．

ときたものだ．思わず，違うでしょ！　正しくは…と画面に指をさしたが軽快な音楽とともにCMへ…．なぜ言わない，「指数関数的に増大している」と．

指数関数 $y = e^x$ は，すべての多項式よりも，いずれ増大が速くなる．言ってしまえば，

　　放っておくと手が付けられない

恐ろしい奴だ．しかしこの章の登場人物は，もっと危ない者たちだ．

10.2 階乗

n 人を一列に並べたとき，その並べ方は何通りあるか？という問いの答えは n の階乗 $n!$ である．では具体的な n を与えて $n!$ を体感しよう．

- 年末に実家へ帰ると，家族合わせて 6 人となる．$6! = 720$ だから，すべてのパターンで並べ替えをしたら結構な運動になるだろう．
- 年末に妻の実家へ帰ると，合わせて 15 人となる．$15! = 1307674368000$ だから，すべてのパターンで並べ替えをする前に正月休みが終わる．
- いま自分が教えている授業の出席者数は 20 である．$20! \sim 2.4329 \times 10^{18}$ だから，すべてのパターンで並べ替えをする前に地球が終わる．
- もう，開き直って地球人全員に参加してもらう．総数にして，だいたい 78 億らしい．$78 \text{億}! \sim 10^{7.3771 \times 10^{10}}$ だから…

最後の例はともかく，n が僅かに増えても $n!$ はとんでもない膨れ方をすることがわかる．一方，n が小さいときは 10^n などに比べると，とても大人しいことも忘れてはならない．では $n!$ は具体的にどのようなルールで増大するのだろうか．それを知るためには，上手い具合に階乗を，**滑らかな実数値関数**に拡張させることが望ましい．つまり，非負整数以外の実数 x についても $x!$ を作ってしまい，解析してしまうのだ．

では，どのような関数が $x!$ として相応しいのだろうか？　少なくとも，「階乗がもつ本質的な性格」を引き継いでいる必要があるだろう．何はともあれ，

$$(x+1)! = (x+1) \times x!$$

は絶対に欲しいところだ．次に「形状の特徴」を見抜こう．以下は左から 10^n と $n!$ $(n = 0, 5, 10, \ldots, 200)$ の分布図である．ただし，縦軸が**対数目盛**となっていることに注意されたい：

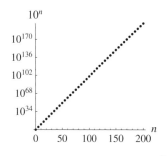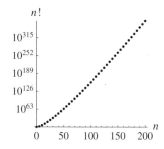

図 10.1

図 10.1 左の 10^n は,対数をとると $\log 10^n = n \log 10$ となるので,傾き $\log 10$ の 1 次関数に自然に拡張される.もちろんそれは指数関数 $y = 10^x$ のグラフに他ならない.

一方,図 10.1 右は 1 次関数よりは増大が大きいが 2 次関数ほどではない(具体的な増大スピードは後にわかる).もう一つ重要なことは,点同士を線分で繋いだものは下に凸である,ということだ.したがって,拡張させたものは,下に凸なカーブを描くべきである.さらに $x!$ はなるべく滑らかにした方がよいだろう.以上を踏まえつつ下記をご覧いただこう:

定理 10.1. 区間 $(0, \infty)$ で定義された**解析的**な関数 $y = f(x)$ のうち,次を満たすものは**ただ一つ**である:

(1) f は正値,すなわち,$f(x) > 0 \ (x > 0)$.

(2) $f(1) = 1$.

(3) $f(x + 1) = x f(x) \ (x > 0)$.

(4) f は**対数凸**である.すなわち,$0 \leq \theta \leq 1$ ならば任意の $x_1, x_2 > 0$ に対して

$$\log f((1 - \theta)x_1 + \theta x_2) \leq (1 - \theta) \log f(x_1) + \theta \log f(x_2)$$

となる.

まず,(2) と (3) から,自然数 n について $f(n) = (n - 1)!$ となることがわかる.(4) によって,「$f(x)$ の対数目盛によるグラフ」は下に凸になることも得られる.そしてこのような解析関数は一つしかないのだから,$x! = f(x + 1)$ $(x > -1)$ と拡張させることが適切である.

実は,この $f(x)$ は

$$f(x) = \int_0^\infty t^{-1+x} e^{-t} dt, \quad x > 0$$

で与えられている.これは,いわゆる**ガンマ関数** $\Gamma(x)$ である.

▶**注 10.1** 誤解があってはいけないので，正しい時系列に沿って説明すると，まず $\Gamma(x)$ が 1729 年にオイラーによって定義され，1922 年に $\Gamma(x)$ が自然数に対する階乗の唯一の拡張たることが示された（**ボーア・モレルップの定理**）．この定理は，複素化したガンマ関数に対する一意性定理であり，その系として定理 10.1 が得られる．

ということで，これからはガンマ関数に焦点を当てていこう．

10.3　階乗の増大と近似

$\Gamma(x)$ の対数目盛によるグラフ，言い換えれば $\log \Gamma(x)$ の曲線を描いてみる：

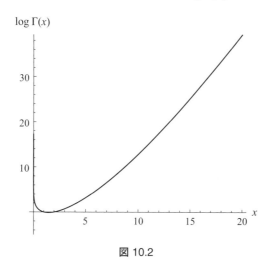

図 10.2

やはり増大のスピードは 1 次関数よりは速く，2 次関数よりは遅そうだ．実は 1.1 次よりも 1.000000000001 次よりも遅い．ではどんな関数と同じなのだろうか？　答えは次の定理にある：

定理 10.2（スターリングの公式）．任意の $x > 0$ に対して，或る $0 < \theta(x) < 1$ が

$$\Gamma(x) = x^x e^{-x} \sqrt{\frac{2\pi}{x}} \times \exp\left(\frac{\theta(x)}{12x}\right)$$

$$= \exp\left(\log\sqrt{2\pi} + x\log x - x - \frac{1}{2}\log x + \frac{\theta(x)}{12x}\right)$$

を満たすように存在する.

▶ **注 10.2** n が自然数ならば，或る $0 < \vartheta < 1$ によって，

$$n! = n^n e^{-n}\sqrt{2\pi n} \times \exp\left(\frac{\vartheta}{12n}\right)$$

と書ける．こちらをスターリングの公式と呼ぶことも多い．右辺最後の項を削った近似式

$$n! \sim n^n e^{-n}\sqrt{2\pi n} \quad \text{詳しくは} \quad \lim_{n\to\infty}\frac{n!}{n^n e^{-n}\sqrt{2\pi n}} = 1$$

も同じ名前をもつが，本書では**スターリングの近似**と呼ぶことにする.

　すなわち，$\log\Gamma(x)$ は $x\log x$ の増大をしていることがわかるのだ．$\log x$ が掛けられているだけなので，$\Gamma(x)$ は指数関数たち（10^x など）よりちょっとだけ速いという印象を受ける．しかし，x が大きいほどかなりの差が生じる．例えば，$x = 10000$ としたとき，

$$10^{10000} \quad \text{と} \quad 10000! \sim 2.8463 \times 10^{35659}$$

となり，「ちょっとだけ速い」なんてことは無いことがわかる.

　スターリングの公式を用いると，十分大きい x における $\Gamma(x)$ について，簡単な計算で極めて良い近似を求めることができる．試しに，$x = e^{20} \sim 4.852 \times 10^8$ のときを考えてみよう．x があまりにも巨大なため，普通に $\Gamma(e^{20})$ を数値計算しても良い値を得られるかは怪しい．一方，

$$\exp\left(\log\sqrt{2\pi} + x\log x - x - \frac{1}{2}\log x\right) = \exp\left(-10 + \log\sqrt{2\pi} + 19e^{20}\right)$$

$$\sim 2.740667 \times 10^{40\,0338\,6772}$$

は容易に求められ，これ自体が真値としてよい．というのも，誤差を意味する $\exp(\theta(x)/12x)$ は有効数字の桁数を億単位に上げない限りは 1 と見做されたま

まだからだ.

10.4 e と π

階乗版のスターリングの公式をもう一度書こう:

$$n! = n^n e^{-n} \sqrt{2\pi n} \times \exp\left(\frac{\vartheta}{12n}\right).$$

それにしても美しい式である. 階乗という離散的な概念と, 円周率・自然対数の底が絡み合っているのだから. 以下では, 幾つかの定理・公式に触れつつ, 如何にしてスターリングの近似が浮かび上がるかを見ていこう.

したがって, いったんスターリングの公式は忘れる

(Step 1) $n!$ に対する大変大雑把な近似は $n! \sim n^n$ であろう. 例えば, $n = 1000$ のとき

$$1000! \sim 4.0239 \times 10^{2567} \quad \text{VS} \quad 1000^{1000} = 10^{3000}$$

となり, 近似とは言い難い. 補足しておくと, n 自体が超巨大な数であれば, $n!$ も n^n もたいして差が無いような錯覚が起きる. 例を挙げておこう:

$$10^{100}! \sim 10^{10^{101.9981}} \quad \text{VS} \quad \left(10^{100}\right)^{10^{100}} = 10^{10^{102}}.$$

しかしこれは飽くまで錯覚だ.

(Step 2) 急増大する n^n を, 減衰する指数関数 a^{-n} $(a > 0)$ でコントロールしたい. 言い換えれば $n! \sim n^n a^{-n}$ に相応しい a を探す.

$$n! \sim n^n a^{-n} \iff \frac{n^n}{n!} \sim a^n \iff \left(\frac{n^n}{n!}\right)^{1/n} \sim a$$

という (大変アヤシイ) 推論の下に, 極限値

$$\lim_{n \to \infty} \left(\frac{n^n}{n!}\right)^{1/n}$$

を計算しよう. まず,

$$\frac{n^n}{n!} = \left(\frac{n}{n-1}\right)^{n-1} \left(\frac{n-1}{n-2}\right)^{n-2} \cdots \left(\frac{3}{3-1}\right)^{3-1} \left(\frac{2}{2-1}\right)^{2-1}$$

と "少々変な変形" を施すことで

$$\log\left(\frac{n^n}{n!}\right)^{1/n}$$
$$= \frac{1}{n}\left(\log 2 + 2\log\frac{3}{2} + \cdots + (n-2)\log\frac{n-1}{n-2} + (n-1)\log\frac{n}{n-1}\right)$$

を得る. そこで, $a_1 = 0$ かつ $a_n = (n-1)\log\frac{n}{n-1}$ $(n = 2,3,4,\ldots)$ としてやると,

$$\log\left(\frac{n^n}{n!}\right)^{1/n} = \frac{a_1 + a_2 + a_3 + \cdots + a_{n-1} + a_n}{n} \tag{10.1}$$

かつ

$$\lim_{n\to\infty} a_n = \log \lim_{n\to\infty}\left(1 + \frac{1}{n-1}\right)^{n-1} = \log e = 1$$

となる. "少々変な変形" を行ったのは, (10.1) の右辺 (チェザロ平均という) を出したかったためである. というのも, 一般に収束する数列については, そのチェザロ平均は同じ極限値へ収束するのだ (☞ 詳しくは命題 14.4 を参照). すなわち, $\lim_{n\to\infty}\log\left(\frac{n^n}{n!}\right)^{1/n} = 1$ が成り立ち, 極限値

$$\lim_{n\to\infty}\left(\frac{n^n}{n!}\right)^{1/n} = e$$

に至る. したがって, $n! \sim n^n e^{-n}$ という改良された近似が得られた.

(Step 3) いま $b_n = \frac{n!}{n^n e^{-n}}$ という数列を作り, その挙動を窺おう. もし「$b_n \to$ 正の定数」だとすれば, 精度の良い近似ということになる. $\{b_n\}_{n=1}^{\infty}$ の極限を直接探すのは難しそうなので, 異なる項で比較してみる:

$$\frac{b_{2n}}{b_n^2} = \frac{(2n)!}{(2n)^{2n}e^{-2n}} \times \frac{n^{2n}e^{-2n}}{n!^2} = \frac{(n-1/2)(n-3/2)\cdots 1/2}{n!}$$
$$= \frac{\Gamma(n+1/2)}{n\Gamma(1/2)\Gamma(n)} \quad \left(\Gamma\left(n+\frac{1}{2}\right) = \left(n-\frac{1}{2}\right)\left(n-\frac{3}{2}\right)\cdots\frac{1}{2}\Gamma\left(\frac{1}{2}\right)\right)$$

$$= \frac{\Gamma(n+1/2)}{\sqrt{n}\,\Gamma(n)} \times \frac{1}{\sqrt{\pi}} \times \frac{1}{\sqrt{n}} \quad \left(\Gamma\left(\frac{1}{2}\right) = \sqrt{\pi}\right)$$

最後の式の第 1 項については,

$$\lim_{n\to\infty} \frac{\Gamma(n+1/2)}{\sqrt{n}\,\Gamma(n)} = 1 \tag{10.2}$$

となるので, $\frac{b_{2n}}{b_n^2} \to 0\,(n\to\infty)$ を得る. 背理法で考えると,「$b_n \to$ 正の定数」は偽であるので, $n! \sim n^n e^{-n}$ という近似はまだまだ雑だったことがわかる. そこで b_n を修正し $c_n = \dfrac{n!}{n^n e^{-n}\sqrt{n}}$ を与えると,

$$\frac{c_{2n}}{c_n^2} = \frac{b_{2n}}{b_n^2} \times \frac{\sqrt{n}^2}{\sqrt{2n}} = \frac{\Gamma(n+1/2)}{\sqrt{n}\,\Gamma(n)} \times \frac{1}{\sqrt{n\pi}} \times \frac{\sqrt{n}^2}{\sqrt{2n}}$$
$$= \frac{\Gamma(n+1/2)}{\sqrt{n}\,\Gamma(n)} \times \frac{1}{\sqrt{2\pi}} \to \frac{1}{\sqrt{2\pi}} \quad (n\to\infty)$$

となる. 先ほどよりは良い感じだ. 実は, 別の初等的な計算で

$$\lim_{n\to\infty} \frac{c_{2n}}{c_n} = 1 \tag{10.3}$$

が得られるので, 併せて考えると

$$\lim_{n\to\infty} c_n = \lim_{n\to\infty} \frac{c_n^2}{c_{2n}} \lim_{n\to\infty} \frac{c_{2n}}{c_n} = \sqrt{2\pi}$$

に至る. つまり, スターリングの近似が得られた.

10.5 $(n!)^p$

ここでは $p > 0$ とおく. 階乗のべき乗 $(n!)^p$ は, だいたい "$(np)!$" だと思ってよい. というのも, スターリングの公式から,

$$\frac{\Gamma(pn+1)}{\Gamma(n+1)^p} = \frac{pn\Gamma(pn)}{n^p\Gamma(n)^p} \sim \frac{(pn)^{pn}e^{-pn}\sqrt{2\pi pn}}{n^{pn}e^{-pn}(2\pi n)^{p/2}} = (p^p)^n \sqrt{p}\,(2\pi n)^{(1-p)/2},$$

すなわち,

$$\Gamma(pn+1) \sim \sqrt{p}\,(2\pi)^{(1-p)/2}(p^p)^n n^{(1-p)/2} \times (n!)^p$$

を得るが，階乗の増大に比べれば，指数増大 $(p^p)^n$ や多項式増大 $n^{(1-p)/2}$ は重要でないことが多いからだ.

$(n!)^p$ と $(np)!$ のズレである $\sqrt{p}\,(2\pi)^{(1-p)/2}(p^p)^n n^{(1-p)/2}$ について，幾つかコメントする.

- ズレが消えるのは，自明なケース $p=1$ のときのみ.
- $p=2$ のとき，ズレは $4^n/\sqrt{\pi n}$ となる．少し変形すると，

$$\lim_{n\to\infty}\frac{2\cdot 2\cdot 4\cdot 4\cdot 6\cdot 6\cdots 2n\cdot 2n}{1\cdot 3\cdot 3\cdot 5\cdot 5\cdots(2n-1)\cdot(2n-1)\cdot(2n+1)}=\frac{\pi}{2}$$

を得るが，これを**ウォリスの公式**と呼ぶ．そして，別の変形は

$$\lim_{n\to\infty}\frac{\Gamma(n+1/2)}{\sqrt{n}\,\Gamma(n)}=1$$

となる．つまり極限 (10.2) は，ウォリスの公式の言い換えだったのだ．もちろんウォリスの公式は，スターリングの公式を使わずに得られるのでご安心を.

- ズレの定数部分 $\sqrt{p}\,(2\pi)^{(1-p)/2}$ が 1 に等しいような p は，

$$p=p_0=\frac{-1}{\log 2\pi}W\left(\frac{-\log 2\pi}{2\pi}\right)\sim 0.25369769831983267498642792\ldots$$

となる．ただし，W は前章で登場した**ランベルトの W 関数**である．$p=p_0$ と $p=1$ に限り，近似式

$$\Gamma(pn+1)\sim(p^p)^n n^{(1-p)/2}\times(n!)^p$$

が成り立つ.

さて，$(n!)^p$ で何か思い出した方は偉い．5 章で取り上げたジュヴレイ空間の定義にて，$(n!)^\sigma$ が登場したのだ．本節の解説を踏まえると，定義内の

$$\left|f^{(n)}(x)\right|\leq C^{n+1}(n!)^\sigma\quad(a\leq x\leq b\ \text{かつ}\ n=0,1,2,\ldots)$$

という部分は,

$$\left| f^{(n)}(x) \right| \leq C^{n+1} \Gamma(\sigma n + 1) \quad (a \leq x \leq b \text{ かつ } n = 0, 1, 2, \ldots)$$

と同値であることがわかる.

「順列と組合せ」で登場する階乗は,思った以上に諸方面で活躍している.上記のとおり,関数の滑らかさの指標にまで現れており,その中でも

$$f \text{ が解析的} \Longleftrightarrow f^{(n)} \text{ の増大度は} \textbf{階乗}\text{程度}$$

という決定的な役割を担うのだ.

···················· Coffee Break ····················

ここでもしつこくスターリングの公式で遊んでいくが,これまでとは異なる展開が待っているので期待して欲しい.

極限 (10.2) は,大きい n における $\Gamma(n)$ と $\Gamma(n+1/2)$ のズレが,$1/2$ オーダーであることを指している.この $1/2$ という数は,たまたま一致しているわけではなく,一般のズレでも同様である.すなわち,任意の $a > 0$ に対して,

$$\lim_{n \to \infty} \frac{\Gamma(n+a)}{n^a \, \Gamma(n)} = 1 \tag{10.4}$$

となる.証明はやはりスターリングの公式を使えばよい.

ここで改めて,$c_n = \dfrac{n!}{n^n e^{-n} \sqrt{n}}$ とおこう.先ほどは c_{2n}/c_n^2 を計算したが,今回は c_{3n}/c_n^3 を調べよう:

$$
\begin{aligned}
\frac{c_{3n}}{c_n^3} &= \frac{(3n)! \, n^{3/2}}{3^{3n} (3n)^{1/2} (n!)^3} \\
&= \frac{(n-1/3)(n-4/3)\cdots(2/3) \times (n-2/3)(n-5/3)\cdots(1/3) \times n}{(n!)^2 \times 3^{1/2}} \\
&= \frac{\Gamma(n+2/3)\Gamma(n+1/3) \times n}{\Gamma(2/3)\Gamma(1/3) \times n^2 \Gamma(n)^2 \times 3^{1/2}} \\
&= \frac{\Gamma(n+2/3)}{n^{2/3}\Gamma(n)} \times \frac{\Gamma(n+1/3)}{n^{1/3}\Gamma(n)} \times \frac{1}{3^{1/2}\Gamma(1/3)\Gamma(2/3)}.
\end{aligned}
$$

したがって，(10.4) から，$n \to \infty$ のとき $c_n^3/c_{3n} \to 3^{1/2}\Gamma(1/3)\Gamma(2/3)$ を得る．一方，スターリングの公式から $c_n \to \sqrt{2\pi}$ だから，結局

$$\Gamma\left(\frac{1}{3}\right)\Gamma\left(\frac{2}{3}\right) = \frac{2\pi}{3^{1/2}}$$

という等式が成立するのだ．さらに，このやり方を踏まえると，一般の自然数 N について

$$\Gamma\left(\frac{1}{N}\right)\Gamma\left(\frac{2}{N}\right)\cdots\Gamma\left(\frac{N-1}{N}\right) = \frac{(2\pi)^{(N-1)/2}}{\sqrt{N}}$$

を得る．これだけでは終わらない．

　上の等式に $\log$ をとり，整理すると

$$\log\Gamma\left(\frac{1}{N}\right) + \log\Gamma\left(\frac{2}{N}\right) + \cdots + \log\Gamma\left(\frac{N-1}{N}\right) + \log\sqrt{N}$$
$$= (N-1)\log\sqrt{2\pi}$$

となる．左辺に $\log\Gamma(N/N)\,(=0)$ を足し，双方に $\frac{1}{N}$ をかけ，$N \to \infty$ としてあげると，

$$\lim_{N\to\infty}\frac{1}{N}\left(\log\Gamma\left(\frac{1}{N}\right) + \log\Gamma\left(\frac{2}{N}\right) + \cdots + \log\Gamma\left(\frac{N}{N}\right)\right) = \log\sqrt{2\pi}$$

という等式に至る．左辺の極限は，$(0,1]$ 上の関数 $y = \log\Gamma(x)$（図 10.3）における区分求積法の式となり，広義積分に一致する．すなわち

$$\int_0^1 \log\Gamma(x)dx = \log\sqrt{2\pi}$$

が成り立つ．ここにおいても，階乗と円周率のタダならぬ関係が見えてきた．それにしても，大きな n に対する $n!$ の近似式を与えるスターリングの公式が，原点付近のガンマ関数の解明に寄与する，というのは興味深い．

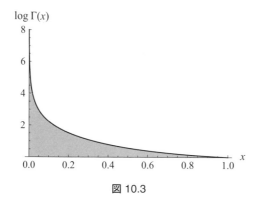

$\log \Gamma(x)$

図 10.3

スターリングの公式をもう一度使おう. 定理 10.2 から

$$\log \Gamma(x) = \log \sqrt{2\pi} + x \log x - x - \frac{1}{2} \log x + \frac{\theta(x)}{12x}$$

であるので,先ほどの広義積分の式とあわせることで

$$\int_0^1 \frac{\theta(x)}{x} = 12 \int_0^1 \left(\log \Gamma(x) - \log \sqrt{2\pi} - x \log x + x + \frac{1}{2} \log x \right) dx = 3$$

を得る.これも面白い.スターリングの公式からわかった定積分を利用して,スターリングの公式で現れる補正項を計算したのだ.そして,$y = \theta(x)/x$ という得体の知れないもの(図 10.4)の $(0, 1]$ での定積分は,意外なほど簡単な数となっている.

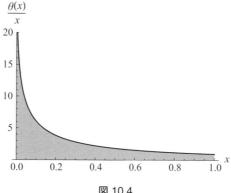

$\frac{\theta(x)}{x}$

図 10.4

章末問題

問 10.1 $\Gamma\left(\frac{1}{2}\right) = \sqrt{\pi}$ を証明せよ.

問 10.2 ヘルダーの不等式（各自で調べよ）を用いて，ガンマ関数は対数凸であることを示せ.

問 10.3 $\Gamma(e^{30})$ の（十進法での）桁数を求めよ.

問 10.4 ウォリスの公式を，スターリングの公式を**用いずに**証明せよ.

問 10.5 極限 (10.3) を，スターリングの公式を**用いずに**証明せよ.

問 10.6 $\Gamma\left(\frac{1}{8}\right)\Gamma\left(\frac{3}{8}\right)\Gamma\left(\frac{5}{8}\right)\Gamma\left(\frac{7}{8}\right)$ の値を求めよ.

問 10.7 $\Gamma\left(\frac{1}{12}\right)\Gamma\left(\frac{5}{12}\right)\Gamma\left(\frac{7}{12}\right)\Gamma\left(\frac{11}{12}\right)$ の値を求めよ.

問 10.8 定積分 $\displaystyle\int_1^2 \log\Gamma(x)dx$ の値を求めよ.

問 10.9 定積分 $\displaystyle\int_2^5 \frac{\theta(x)}{x}dx$ の値を求めよ.

問 10.10 任意の $a > 0$ による指数関数 a^x よりも速いが，ガンマ関数 $\Gamma(x)$ より遅い増大をする関数を一つ挙げよ.

問 10.11 任意の $a > 0$ による指数関数 a^x よりも速いが，問 10.10 で挙げた関数より遅い増大をする関数を一つ挙げよ.

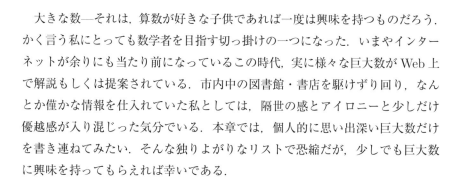

11 章

—脱線—
10 と 3 と矢印と巨大な数たち

　大きな数—それは，算数が好きな子供であれば一度は興味を持つものだろう．かく言う私にとっても数学者を目指す切っ掛けの一つになった．いまやインターネットが余りにも当たり前になっているこの時代，実に様々な巨大数が Web 上で解説もしくは提案されている．市内中の図書館・書店を駆けずり回り，なんとか僅かな情報を仕入れていた私としては，隔世の感とアイロニーと少しだけ優越感が入り混じった気分でいる．本章では，個人的に思い出深い巨大数だけを書き連ねてみたい．そんな独りよがりなリストで恐縮だが，少しでも巨大数に興味を持ってもらえれば幸いである．

100

　小学校 1 年目で遭遇する巨大数である．このくらいなら，湯船に浸かりながらでも数えられるだろう．

1 0000

　小学校 3 年生あたりで遭遇する巨大数である．数えるとのぼせる．

100 0000

　これも小学校 3 年生あたりで遭遇する巨大数である．英語でいうところの 1 million である．

1000 0000 0000 0000

　1000 兆．義務教育では，これより桁の大きい数の名称は習わない（残念）．わ

が国の「借金」は 1000 兆円を超えてしまった.

1 0000 0000 0000 0000

兆より大きい数詞は存在する. この数は 1京（けい）という. 昔は京を知る人はそれ
ほど多くなかった印象があるが, 最近はスーパーコンピュータの名前にもなっ
ているし, 国の借金もそれくらいにまで達するかもしれないのでメジャーにな
るだろう.

100 0000 0000 0000 0000

2012 年の秋にブタペストに赴いた. お土産屋をぶらついていたとき, 旧紙幣
が売られていたのだが, それこそが, 史上最悪レベルのハイパーインフレーショ
ン（1946 年）によって登場した超高額紙幣たちである. 可能な限り額面の高い
ものを探してみたところ, 100 万兆（つまり 100 京）pengő 紙幣：

図 11.1

を入手することができた. ちなみに流通した中で最高額なものは 1 億兆（つま
り 1垓（がい））pengő 紙幣とのことだ. 入手できなくて無念….

1 0000 0000 0000 0000 0000 0000 0000 0000 0000 0000 0000 0000 0000 0000 0000 0000 0000 0000 0000 0000 0000 0000 0000 0000 0000

10^{100} を googol と呼ぶ. Google ではない. しかし Google の由来は googol
である. ホーキング輻射の理論が正しく, 我々の宇宙が閉じていなければ, 大
質量ブラック・ホールは約 1 googol 年後には蒸発してしまうだろう. このよう
に, 宇宙物理・天文学では巨大数がちょくちょく登場する. いわゆる天文学的
数字である.

$100! \sim 9.3326 \times 10^{157}$

階乗 $n!$ はスターリングの公式 $n! \sim n^n e^{-n}\sqrt{2\pi n}$ によって近似される. この近似は n が大きいほど良い. 例えば, $n = 100$ のときの相対誤差は, 0.0008 程度である. ただし絶対誤差はとんでもなく大きいので注意 (詳しくは 10 章をご覧あれ).

1 centillion

英語 (特に米国) では, 10^6 は 1 million, 10^9 は 1 billion, 10^{12} は 1 trillion と呼ぶ. 実はこの後も, 10^{15} は 1 quadrillion, 10^{18} は 1 quintillion と続く. そう, 10^{3+3n} を one "n を表すラテン語系接頭辞"-illion と呼ぶのである. このルールに基づき, 10^{33} は 1 decillion, 10^{303} は 1 centillion と呼ばれる. ちなみに, centillion は高校生が使うような英和辞典にも載っていることがある. 皆さんがお持ちの辞書ではいかがだろうか？

9^{9^9}

3 つの数字を記号無しで組み合わせてできる最大の数. 冪乗は中学で習うので子供でも理解できる数だが,

$$\log_{10} 9^{9^9} = 2 \times 9^9 \log_{10} 3 = 369693099.63157\ldots$$

ということで $369,693,100$ 桁の巨大数である. 実際にこの桁数を算出したのはフランスのレザン (Charles-Ange Laisant, 1841–1920) であり, 1906 年のことである. 20 世紀に入るまで, $\log_{10} 3$ の近似値は有効数字 10 桁に届かない精度でしかなかったのだ.

$\pi^{\pi^{\pi^{\pi}}}$

π は約 3.14 だから, 上記の数字はたいして大きくないように思えるかもしれない. 実際は,

$$\pi^{\pi^{\pi^{\pi}}} = 10^{\pi^{\pi^{\pi}} \times \log_{10} \pi} \sim 10^{666262452970848503.9581} \sim 10^{10^{17.82364533941696294}}$$

というわけで中々の巨大数である. π は超越数であるが, π^{π} がそうなのかは未

だ不明である．いわんや π^{π^π} をや．そしてこの $\pi^{\pi^{\pi^\pi}}$ は，現時点では自然数か否かも示すことができていない．数値計算で大体の予測ができるのでは？と思う人も居るだろう．しかし相手は $666,262,452,970,848,504$ 桁の数字である．すべての桁にどの数字が入るかを特定することなど「いまは」不可能である．

1 googolplex$= 10^{10^{100}}$

10 の 1 googol 乗を 1 googolplex という．何が何だか意味不明なほど途方もなく大きい数だ．ここで反復指数関数 e^{e^x} を用いれば，

$$e^{e^{231}} < 1 \text{ googolplex} = e^{e^{231.0925417446525\ldots}} < e^{e^{232}}$$

となる．僅か $x = 232$ で 1 googolplex を超えてしまうのだから，この関数も恐ろしい．ちなみに，Googleplex（Google の本社）ではない．しかし Googleplex の由来は googolplex である．

指数タワーの怪

数字をその右肩にどんどん載せて得られる $a^{b^{\cdot^{\cdot^{\cdot^c}}}}$ を指数タワーと呼ぶことにしよう．あのとんでもなく巨大なはずだった 1 googolplex は，4 階建ての指数タワー $10^{10^{10^{10}}}$ に比べればずっと小さくなってしまう．このように，指数タワーは超巨大な数を気軽に書ける優れものだが，ちょっとした錯覚を生む．例えば，$10^{10^{10^{10^{10}}}}$ は $2^{10^{10^{10^{10}}}}$ と比べると $5^{10^{10^{10^{10}}}}$ 倍もあるから甚だしく異なるが，$2^{10^{10^{10^{10}}}}$ を計算してみると，

$$2^{10^{10^{10^{10}}}} \sim 10^{0.43429448 \times 10^{10^{10^{10}}}} \sim 10^{10^{-0.36221569 + 10^{10^{10}}}}$$

となり，$-0.36221569 + 10^{10^{10}}$ 自体は $10^{10^{10}}$ に酷似しているため，$2^{10^{10^{10^{10}}}}$ と $10^{10^{10^{10^{10}}}}$ は近いように感じてしまう．もっとも，さらにスケールの大きい数，例えば $10^{10^{10^{10^{10^{10^{10}}}}}}$ に比べれば，$10^{10^{10^{10^{10}}}}$ と $2^{10^{10^{10^{10}}}}$ は似たようなものである．

クヌースの矢印表記

超巨大な数については, おすすめの記法がある. 数 a による n 階建ての指数タワー $\left.a^{a^{\cdot^{\cdot^{\cdot^a}}}}\right\} n$ を $a \uparrow\uparrow n$ と書く. 例えば, $\pi^{\pi^{\pi^{\pi}}} = \pi \uparrow\uparrow 4$ である. 先ほど登場した $10^{10^{10^{10^{10^{10^{10^{10}}}}}}}$ なんぞは, 矢印を使えば $10 \uparrow\uparrow 8$ とスマートに書ける. うっかり $10 \uparrow\uparrow 10^{100}$ なんて書いてしまったら, その数は 10 による 1 googol 階建ての巨大数になってしまう. しかしそんな莫迦でかい数でさえ, 「$10 \uparrow\uparrow\uparrow 3$」に比べれば塵のようなものである!

「$10 \uparrow\uparrow\uparrow 3$」とはどのような数なのか? そろそろ, $a \uparrow\uparrow n$ や $a \uparrow\uparrow\uparrow n$ たちの正式な定義を与えよう. 1976 年, クヌース (Donald Knuth, 1938–) は次のような記法を提案した:

- 数 a, b に対して, a^b を $a \uparrow b$ で表す.
- 2 個以上の $\uparrow$ が付いたものについては帰納的に定める. 自然数 n と ℓ について,

$$a\underbrace{\uparrow\cdots\uparrow}_{\ell+1}n = \begin{cases} a & (n=1 \text{ のとき}), \\ a\underbrace{\uparrow\cdots\uparrow}_{\ell}(a\underbrace{\uparrow\cdots\uparrow}_{\ell+1}(n-1)) & (n>1 \text{ のとき}) \end{cases}$$

とおく. 結果的に $n, \ell > 1$ ならば

$$a\underbrace{\uparrow\cdots\uparrow}_{\ell}n = a\underbrace{\uparrow\cdots\uparrow}_{\substack{\ell-1 \\ (n-1) \text{ 回目}}}(a\underbrace{\uparrow\cdots\uparrow}_{\substack{\ell-1 \\ (n-2) \text{ 回目}}}(a\cdots(a\underbrace{\uparrow\cdots\uparrow}_{\substack{\ell-1 \\ 1 \text{ 回目}}}a)))$$

となる. 演算は右からなされていることに注意しよう.

ここで, 具体例を挙げておく:

- $3 \uparrow\uparrow 2 = 3 \uparrow 3 = 3^3 = 27$.
- $3 \uparrow\uparrow 3 = 3 \uparrow (3 \uparrow 3) = 3 \uparrow (3^3) = 3^{3^3} = 7625597484987$.
- $3 \uparrow\uparrow 4 = 3 \uparrow (3 \uparrow (3 \uparrow 3)) = 3 \uparrow (3 \uparrow (3^3)) = 3^{3^{3^3}} = 3^{7625597484987}$.
- $3 \uparrow\uparrow n = \left.3^{3^{\cdot^{\cdot^{\cdot^3}}}}\right\} n$.

- $3 \uparrow\uparrow\uparrow 3 = 3 \uparrow\uparrow (3 \uparrow\uparrow 3) = \left. 3^{3^{3^{\cdot^{\cdot^{\cdot^{3}}}}}} \right\} 3^{3^3}.$

- $3 \uparrow\uparrow\uparrow 4 = 3 \uparrow\uparrow (3 \uparrow\uparrow (3 \uparrow\uparrow 3)) = \left. 3 \uparrow\uparrow 3^{3^{3^{\cdot^{\cdot^{\cdot^{3}}}}}} \right\} 3^{3^3}$

  $= \left. 3^{3^{3^{\cdot^{\cdot^{\cdot^{3}}}}}} \right\} \left. 3^{3^{3^{\cdot^{\cdot^{\cdot^{3}}}}}} \right\} 3^{3^3}.$

- $3 \uparrow\uparrow\uparrow\uparrow 3 = 3 \uparrow\uparrow\uparrow (3 \uparrow\uparrow\uparrow 3) = \underbrace{\left. 3^{3^{3^{\cdot^{\cdot^{3}}}}} \right\} \left. 3^{3^{3^{\cdot^{\cdot^{3}}}}} \right\} \cdots \left. 3^{3^{3^{\cdot^{\cdot^{3}}}}} \right\} 3^{3^3} \Big\} 3}_{3 \uparrow\uparrow\uparrow 3}$

$= \left. \underbrace{\underbrace{\left. 3^{3^{3^{\cdot^{\cdot^{3}}}}} \right\} \left. 3^{3^{3^{\cdot^{\cdot^{3}}}}} \right\} \cdots \left. 3^{3^{3^{\cdot^{\cdot^{3}}}}} \right\} 3^{3^3} \Big\} 3}_{\underbrace{\left. 3^{3^{3^{\cdot^{\cdot^{3}}}}} \right\} \left. 3^{3^{3^{\cdot^{\cdot^{3}}}}} \right\} 3}_{3}} \right\} 3.$

- $3 \uparrow\uparrow\uparrow\uparrow\uparrow 3 = \left. \underbrace{\begin{matrix} \underbrace{\left. 3^{3^{3^{\cdot^{\cdot^{3}}}}} \right\} \left. 3^{3^{3^{\cdot^{\cdot^{3}}}}} \right\} \cdots \left. 3^{3^{3^{\cdot^{\cdot^{3}}}}} \right\} 3^{3^3} \Big\} 3} \\ \underbrace{\left. 3^{3^{3^{\cdot^{\cdot^{3}}}}} \right\} \left. 3^{3^{3^{\cdot^{\cdot^{3}}}}} \right\} \cdots \left. 3^{3^{3^{\cdot^{\cdot^{3}}}}} \right\} 3^{3^3} \Big\} 3} \\ \vdots \\ \underbrace{\left. 3^{3^{3^{\cdot^{\cdot^{3}}}}} \right\} \left. 3^{3^{3^{\cdot^{\cdot^{3}}}}} \right\} \cdots \left. 3^{3^{3^{\cdot^{\cdot^{3}}}}} \right\} 3^{3^3} \Big\} 3} \\ \underbrace{\left. 3^{3^{3^{\cdot^{\cdot^{3}}}}} \right\} \left. 3^{3^{3^{\cdot^{\cdot^{3}}}}} \right\} 3}_{3} \end{matrix}} \right\} 3 \uparrow\uparrow\uparrow\uparrow 3.$

グラハム数

かつてギネスブックにて「数学の証明で用いられた最も大きい数」として紹介された数である．巨大数を扱う以上，グラハム数は避けては通れない神格化された存在である．同時に私にとっては，インターネットが普及するまでは正体が掴めず苦しんだ数である．そんなことはともかく，話を進めよう．

n 次元の超立方体を考える．頂点の数は 2^n 個であり，2 つの頂点間を結ぶ線

分（枝と呼ぶことにする）の本数は $2^{n-1}(2^n - 1)$ 本である．次に各々の枝に対し，赤か白のどちらかの色を塗る．塗り方の全パターンは $2^{2^{n-1}(2^n-1)}$ となるのはいうまでもない．$2^{n-1}(2^n - 1)$ 本の枝すべてを赤に染めれば，当然「同一平面上にある 4 点から生える枝たち」も赤 1 色になる．では塗り分けを工夫すれば，どの「同一平面上の枝たち」も 2 色に塗り分けられるだろうか？ $n = 2$ の場合は明らかに Yes であり，$n = 3$ も同様である．3 より大きい n ではどうか．実は，

十分大きい n ではどのように塗り分けても或る「同一平面上の枝たち」は 1 色になってしまう

ことがわかっている．この定理は 1971 年にグラハム（Ron Graham, 1935–2020）とロスチャイルド（Bruce Rothschild, 1941–）によって証明されたのだが，彼らはさらに，

$$n \geq \left.\begin{array}{c} \underbrace{2\uparrow\cdots\uparrow 3} \\ \underbrace{2\uparrow\cdots\uparrow 3} \\ \vdots \\ \underbrace{2\uparrow\cdots\uparrow 3} \\ 12 \end{array}\right\} 8$$

であればよい，という見積もりを示している．あっさり書いたがとんでもなく巨大な数である．

では，これがグラハム数かというとちょっと違う．ある日，グラハムは，数学者であり著述家でもあるガードナー（Martin Gardner, 1914–2010）とディスカッションを行っていた．その際，上記の定理を解説したのだが，論文に書いた巨大数よりもっと莫迦でかい数（G としよう）を用いた方が楽であることに気がついた．このやりとりを踏まえ，ガードナーは 1977 年に大衆向け科学雑誌で件の数 G を紹介したのである（以上の経緯には諸説あり）．そしてその記事が切っ掛けとなり，1980 年版のギネスブックに数 G が記されるに至り，いつしか**グラハム数**と呼ばれるようになったのだ．それでは G に登場してもらおう：

$$G = \left. \begin{array}{c} \underbrace{3 \uparrow \cdots \uparrow 3} \\ \underbrace{3 \uparrow \cdots \uparrow 3} \\ \vdots \\ \underbrace{3 \uparrow \cdots \uparrow 3} \\ 3 \uparrow\uparrow\uparrow\uparrow 3 \end{array} \right\} 64.$$

恐らく，学術論文だけでは脚光を浴びることは無かっただろう．ガードナーとのディスカッションは必須であったし，科学雑誌の記事を見つけたギネスブックの貢献も大きい．幾つかの偶然が，呆れるほど巨大な数をスターに仕立て上げたのだ．嗚呼，マニアが愛して止まないグラハム数．学術的な役割は無いのかもしれないが，これからも巨大数のランドマークとして聳え立つだろう．

$4 \to 4 \to 4 \to 4$

　私がグラハム数について必死で調べていたのは，高校生になる 1995 年頃までのことであった．ところがその 1 年後，コンウェイ (John Conway, 1937–2020) とガイ (Richard Guy, 1916–2020) による『数の本』（文献 [8]）という読み物が出版され，クヌースの矢印表記とグラハム数についてわかりやすく解説された（嗚呼！）．彼らはまず

$$1 \uparrow 1, \quad 2 \uparrow\uparrow 2, \quad 3 \uparrow\uparrow\uparrow 3, \quad 4 \uparrow\uparrow\uparrow\uparrow 4, \quad \cdots$$

という数列に触れた．もちろん，猛烈な加速度で増大する数列だ．ところがそれに飽き足らず，後に**コンウェイのチェーン表記**と呼ばれる方法を用いて

$$1, \quad 2 \to 2, \quad 3 \to 3 \to 3, \quad 4 \to 4 \to 4 \to 4, \quad \cdots$$

を導入した．これはもう，悪夢のように急増大する数列であり，4 項目はあっさりグラハム数を圧倒してしまう．もっと驚くべきことは，表記の定義自体は非常にシンプルであり，直観的には巨大数を生むような装置には見えないことである．ここでは $4 \to 4 \to 4 \to 4$ がどのように書き下せるのかを調べてみる．

　では，さっそくチェーン表記の定義（『数の本』に書かれているものと同値だ

がもう少し丁寧なもの）を紹介しよう.

(CC1) n 個の自然数 $a_1, a_2, \ldots, a_n$ と $(n-1)$ 個の矢印 $\rightarrow$ による表現

$$a_1 \rightarrow a_2 \rightarrow \cdots \rightarrow a_n$$

を長さ n のチェーンと呼ぶ. 特に, 自然数そのものは, 長さ 1 のチェーンと見做す.

(CC2) 長さ 2 のチェーンについては, $a \rightarrow b = a^b$ とおく.

(CC3) $n \geq 3$ とする. 長さ n のチェーン $a_1 \rightarrow a_2 \rightarrow \cdots \rightarrow a_n$ について,

- $a_{n-1} = 1$ であるとき, a_{n-1} と a_n とそれらに接続する矢印を取り除く. すなわち,

$$a_1 \rightarrow \cdots \rightarrow a_{n-2} \rightarrow 1 \rightarrow a_n = a_1 \rightarrow \cdots \rightarrow a_{n-2}.$$

- $a_n = 1$ であるとき, a_n とそれに接続する矢印を取り除く. すなわち,

$$a_1 \rightarrow \cdots \rightarrow a_{n-2} \rightarrow a_{n-1} \rightarrow 1 = a_1 \rightarrow \cdots \rightarrow a_{n-2} \rightarrow a_{n-1}.$$

- それ以外の場合, すなわち, $a_{n-1}, a_n \geq 2$ のとき,

$$a_1 \rightarrow \cdots \rightarrow a_{n-2} \rightarrow a_{n-1} \rightarrow a_n$$
$$= a_1 \rightarrow \cdots \rightarrow a_{n-2}$$
$$\rightarrow \Big(a_1 \rightarrow \cdots \rightarrow a_{n-2} \rightarrow (a_{n-1} - 1) \rightarrow a_n \Big) \rightarrow (a_n - 1)$$

とする.

これで本当に巨大数が発生するのだろうか？ a, b, c を自然数として例を見ていこう.

- $a \rightarrow b \rightarrow c = a \underbrace{\uparrow \cdots \uparrow}_{c} b.$ （練習問題）

- $a \to b \to 2 \to 2 = a \to b \to (a \to b \to 1 \to 2) \to 1 = a \to b \to a^b$
  $= a \underbrace{\uparrow \cdots \uparrow}_{a^b} b.$

- $2 \to 2 \to 2 \to 2 = 2 \uparrow\uparrow\uparrow\uparrow 2 = 2 \uparrow 2 = 4.$

- $a \to b \to 3 \to 2 = a \to b \to (a \to b \to 2 \to 2) \to 1$

  $= a \to b \to \left(a \underbrace{\uparrow \cdots \uparrow}_{a^b} b \right) = \left. \begin{array}{l} a\underbrace{\uparrow \cdots \uparrow}b \\ a\underbrace{\uparrow \cdots \uparrow}b \end{array}_{a^b} \right\} 3.$

- $a \to b \to c \to 2 = \left. \begin{array}{l} a\underbrace{\uparrow \cdots \uparrow}b \\ a\underbrace{\uparrow \cdots \uparrow}b \\ \vdots \\ a\underbrace{\uparrow \cdots \uparrow}b \end{array}_{a^b} \right\} c.$

a, b, c 次第では，長さがたった 4 のチェーンであってもグラハム数レベルの巨大数になってしまう．例を続けよう．

- $a \to b \to 2 \to 3$
  $= a \to b \to (a \to b \to 1 \to 3) \to 2$
  $= a \to b \to a^b \to 2$
  $= \left. \begin{array}{l} a\underbrace{\uparrow \cdots \uparrow}b \\ a\underbrace{\uparrow \cdots \uparrow}b \\ \vdots \\ a\underbrace{\uparrow \cdots \uparrow}b \end{array}_{a^b} \right\} a^b.$

- $a \to b \to 3 \to 3$
  $= a \to b \to (a \to b \to 2 \to 3) \to 2$

$$= \left.\begin{array}{c}\underbrace{a\uparrow\cdots\uparrow b}\\[2pt]\underbrace{a\uparrow\cdots\uparrow b}\\[2pt]\vdots\\[2pt]\underbrace{a\uparrow\cdots\uparrow b}_{a^b}\end{array}\right\}\left.\begin{array}{c}\underbrace{a\uparrow\cdots\uparrow b}\\[2pt]\underbrace{a\uparrow\cdots\uparrow b}\\[2pt]\vdots\\[2pt]\underbrace{a\uparrow\cdots\uparrow b}_{a^b}\end{array}\right\}a^b.$$

『数の本』では，「グラハム数は $3\to 3\to 3\to 3$ より小さい」とだけ書かれている．実際にそうであることを確かめてみて欲しい．

- $a\to b\to c\to 3 =$

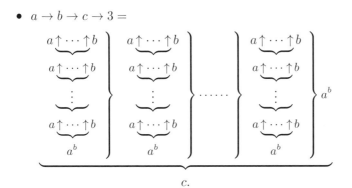

チェーン表記を書き下せる限界に近いところまで来た，という感じである．しかしまだ，長さは 4 のままであり，しかも右端の数字はたったの 3 なのだ．では，右端の数字を 4 に変えたらどうなるのか．これまでの例を参考に，$a\to b\to 2\to 4$，$a\to b\to 3\to 4$ 等を検討してみて欲しい．以上を踏まえて，$4\to 4\to 4\to 4$ を書き下してみると…

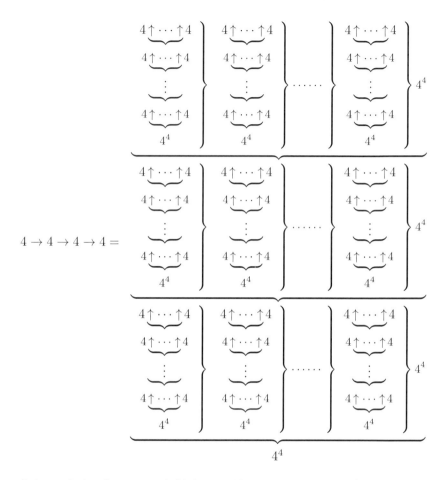

$$4 \to 4 \to 4 \to 4 =$$

となってしまった！ こんな調子では，長さ 5 のチェーンはどうなってしまう
のか？ もはや↑付きで書き下すのも困難である．

— Coffee Break —

　巨大数に関する学術書というものは殆ど見当たらず，もっぱら一般向けの読
み物やインターネット上の記事（基本は Wikipedia の各項目となろう）に頼る

ことになる.

　一般向けの読み物としてはまず，敬意を表しつつ，文献 [63] を紹介したい．これは，「グラハム数を解説している本」として，私が中学時代までに見つけることができた唯一の本である．しかし，3 ↑↑↑ 3 に至る解説に間違いがあったため，グラハム数の実体について裏付けが取れず悶々としていた．そのうち興味が他のものに移り，知らないうちに『数の本』[8] が登場していた．改めて [63] にあるグラハム数の項目を見てみると，ガードナーによる紹介記事 [20] を引用していることが明記されている．中学時代に [20] を読んでいればなあ，と嘆いたものだ．そのようなこともあって，本文に 3 ↑↑↑ 3 の書き下しを刻んでおいた．ちなみに [53] では，矢印表記法についても解説されており，少年時代のバイブルであった.

　私見であるが，「巨大数の研究」は主に 2 つの潮流がある．一つは，歴史上に現れた巨大数の解明であり，数学のみならず，歴史学，言語学や宗教学などを含めた学際的考察がなされることとなる.

　もう一つは，巨大数に関連する表記法の探求である．表記法といえば既に，「指数タワー」「クヌースの矢印表記」「コンウェイのチェーン表記」を紹介しているが，もっともっと呆れるほど急増大する関数が世界中で考案・議論されている．日本では 21 世紀の初めより，「2 ちゃんねる」の掲示板で活発に議論され始め，いまではかなり学術的な匂いを帯びたフィールドになっている．2010 年代に入り，書籍（例えば [14]）も出始め，今後の展開が気になるところである.

章末問題

問 11.1　10^{123} は英語で何と読むか答えよ.

問 11.2　1 googolplex の 10 進数表記を A4 用紙 1 枚にタイプした場合，「0」の大きさはどのくらいか.

問 11.3　$2^{3^{4^{5^{6^{7^{8^9}}}}}}$ と $9^{8^{7^{6^{5^{4^{3^2}}}}}}$ とではどちらが大きいか答えよ.

問 11.4　$3 \uparrow\uparrow 10 < 10 \uparrow\uparrow n$ となる最小の自然数 n を求めよ.

問 11.5 $(9 \uparrow\uparrow 3)!$ と $(9!) \uparrow\uparrow 3$ とではどちらが大きいか答えよ.

問 11.6 $10 \uparrow\uparrow\uparrow 3$ が $10 \uparrow\uparrow 10^{100}$ より大きいことを確かめよ.

問 11.7 $500 \uparrow\uparrow\uparrow\uparrow\uparrow\uparrow 2$ を書き下せ.

問 11.8 $4 \uparrow\uparrow\uparrow\uparrow 4$ と $3 \uparrow\uparrow\uparrow\uparrow\uparrow\uparrow 3$ を書き下せ.

問 11.9 グラハム数を 10 進数で表示したとき,1 の位の数字は何か.

問 11.10 自然数 a, b, c について,$a \to b \to c = a\underbrace{\uparrow \cdots \uparrow}_{c}b$ を証明せよ.

問 11.11 $3 \to 3 \to 64 \to 2 <$ グラハム数 $< 3 \to 3 \to 65 \to 2$ を証明せよ.

問 11.12 $2 \to 2 \to 2 \to 2 \to 2 \to 2 \to 2$ の値を求めよ.

問 11.13 大きな白紙を用意し,$2 \to 3 \to 2 \to 2 \to 2$ をクヌースの矢印表記で書き下せ.

12章
強烈にお行儀の良い関数

12.1　プロローグ

　本書の最初に登場した関数たちは，「連続だが微分できない（高木関数）」など，ラフな（粗い）性格を持っていた．その後も「無限回微分可能だが解析的でない（隆起関数）」「解析的だが増大してしまう（ガンマ関数）」など，少々ラフだったり暴れん坊だったりしていた．本章のメインキャストたちは，そのようなものたちと対称的だ．具体的には，解析的であり "急減衰する"（ここでは「指数関数的か，それ以上の速さで減衰する」という意味）関数である．いわば，お行儀の良い関数たちだ．

　隆起関数は，十分大きい区間から外はずっと 0 だから，指数関数的減衰より激しく，いわば "究極に" 減衰している．しかし，繰り返すが解析的でない．多項式は，テイラー級数が有限級数となるから，"究極に" 滑らかである．しかし，当然減衰していない．一体，究極の滑らかさと減衰レートの双方を備えた関数は存在するのだろうか？　存在しない場合，どこまで良くできるのか？

12.2　究極の滑らかさと減衰

　この章では $y = f(x)$ を，実数全体の空間 $\mathbb{R} = (-\infty, \infty)$ で定義された C^∞ 級関数とする．

　まずは 5 章の復習から始めよう．本来，滑らかさの基準は，どれだけ微分できるのか？にあるが，その基準だけでは C^∞ 級関数たちは皆一緒である．そこで，

> 与えられた C^∞ 級関数のより詳しい滑らかさを知るために，n 階の微分係
> 数の増大度を調べる

というミッションを追加し，ジュヴレイ空間 G^σ を用いた区分けを行うので
あった．

$G^\sigma(\mathbb{R})$ の添字 σ は非負のパラメータであるが，σ が大きくなるほど滑らかさ
は弱まり，そこに属する関数は "ただの C^∞ 級" になっていく．一方，σ が 0 に
近づくときは滑らかさは強くなり，"ただの C^ω 級どころではないもの" になっ
ていく．そして $G^0(\mathbb{R})$ に属する関数，つまり，

或る正定数 C によって

$$\left| f^{(n)}(x) \right| \leq C^{n+1} \quad (-\infty < x < \infty \quad \text{かつ} \quad n = 0, 1, 2, \ldots)$$

が成り立っている $f(x)$ は，"究極の滑らかさ" をもつものといえよう．

（例 1）多項式は当然 $G^0(\mathbb{R})$ に属しているが，他にはどのようなものがあるだ
ろうか？ 三角関数 $\sin x, \cos x$ は，上の不等式で $C = 1$ とした場合を
満たすので，$G^0(\mathbb{R})$ の関数である．定数 $a > 1$ を混ぜた $\sin ax$ など
についても，$C = a$ とすればよい．$G^0(\mathbb{R})$ は定数倍と加法について閉じ
ている．特に，有限フーリエ級数（図 12.1 は例）は皆，この空間に属
している．

図 12.1

ということは，ちょっと信じられないことだが，4 章の前半で触れたヘ
ンテコな昆虫たちは（有限個の点を除いて）究極に滑らかなのだ！ 一
方で，これらの関数はすべて**減衰しない**．

（例 2） $y = \mathrm{sinc}(x) = \frac{\sin x}{x}$ は **sinc（シンク）関数**という.

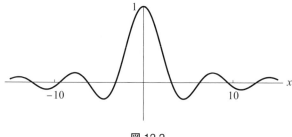

図 12.2

ただし,「$x = 0$ のとき $y = 1$」と約束する. これは意外にも, 究極の
滑らかさをもつ. なぜ「意外」といったかというと, 例えば

$$\left| \mathrm{sinc}^{(10)}(x) \right| = \left| \frac{3628800 \sin x}{x^{11}} - \frac{3628800 \cos x}{x^{10}} - \frac{1814400 \sin x}{x^9} \right.$$
$$+ \frac{604800 \cos x}{x^8} + \frac{151200 \sin x}{x^7} - \frac{30240 \cos x}{x^6} - \frac{5040 \sin x}{x^5}$$
$$\left. + \frac{720 \cos x}{x^4} + \frac{90 \sin x}{x^3} - \frac{10 \cos x}{x^2} - \frac{\sin x}{x} \right|$$

であり, 非常に激しい関数に見える. ところが, 実際の最大値はたった
の $\frac{1}{11}$ であり, 一般の n でも

$$\left| \mathrm{sinc}^{(n)}(x) \right| \leq \frac{1}{n+1}$$

が成り立つからである.（例 1）と異なり, シンク関数は減衰するもの
の, そのスピードは**遅い**.

さて "究極の減衰" はどのように規定すべきだろうか？ そもそも, 本書で
いう "$f(x)$ の減衰" とは,

$$|x| \to \infty \quad \text{のとき} \quad f(x) \to 0$$

となる現象を指す. つまり, 変数 x が, $+\infty$ と $-\infty$ のどちらに向かっても, $f(x)$
は 0 に収束している状態だ. 関数 $y = f_1(x) = \frac{1}{1+x^2}$ と $y = f_2(x) = \frac{1}{1+x^4}$ は,
どちらも減衰しているが, f_2 の方が 0 に勢いよく近づいている. これを「f_2 の

方が速く減衰している」という．減衰の速さは，わかりやすい，目印になる関数たちを基準に分類する．例を見てみよう．

- $|x|^{-p}$ による評価：$f(x)$ が多項式的減衰をしているとは，或る正数 $C, p > 0$ によって，$|f(x)| \le C|x|^{-p}$ と書けるときをいう．f_1 と f_2 はこれに相当する．
- 指数関数による評価：$f(x)$ が指数関数的減衰をしているとは，或る正数 $C, A, k > 0$ によって，$|f(x)| \le C\exp(-A|x|^{1/k})$ と書けるときをいう．この条件は適当な正数 $\tilde{C}, \tilde{A}$ による

$$|x^n f(x)| \le \tilde{C}\tilde{A}^n (n!)^k \quad (「重みの評価」と呼ぶことにする)$$

と同値になる．ジュヴレイ空間 $G^k(\mathbb{R})$ の定義にそっくりである！

直前の例を踏まえて，定義を与える：

或る正定数 C によって

$$|x^n f(x)| \le C^{n+1} \quad (-\infty < x < \infty \quad かつ \quad n = 0,1,2,\dots) \quad (12.1)$$

が成り立っている $f(x)$ は，"究極の減衰" をもつ，と呼ばれる．

(例3) (12.1) が成り立つとき，任意の多項式 $P(x)$ に対して，或る正定数 C が

$$|f(x)| \le Ce^{-|P(x)|} \quad (-\infty < x < \infty)$$

を満たすように存在する．正に，指数関数的減衰を超えた速さで 0 へ近づくのだ．

(例4) 隆起関数は究極の減衰をするが，ゼロ関数でない限り**解析的にならない**．

実は一般に，

命題 12.1. 究極の減衰をする C^∞ 級関数は皆，隆起関数である．

が得られてしまう．隆起関数は C^ω 級ですらないのだから，

> **命題 12.2.** ゼロ関数でない限り，究極の減衰と解析性は**両立しない**．したがって，究極の減衰と究極の滑らかさは**両立しない**．

ということになる．なんとも夢が無いなぁ．しかし実現不可能であることを導くのも数学の醍醐味である．とにかく，命題 12.1 を背理法を用いて証明しておこう．

＊　　　＊　　　＊

$f(x)$ は究極に減衰しているものとする．さらに隆起関数でないと仮定する．このとき次が成り立つ：

- 或る正定数 C によって (12.1) となる．
- 或る実数 t が，$|t| > C$ かつ $f(t) \neq 0$ となるように存在する．

$x = t$ を代入すると，

$$|t^n f(t)| \leq C^{n+1}, \quad n = 1, 2, \ldots$$

であるが，$f(t) \neq 0$ から

$$\lim_{n\to\infty} |t^n f(t)|^{1/n} = \lim_{n\to\infty} |t||f(t)|^{1/n} = |t|$$

を得る．一方で $\lim_{n\to\infty} (C^{n+1})^{1/n} = C$ より，

$$|t| \leq C$$

となる．これは，上述の条件 $|t| > C$ と矛盾する．したがって，$f(x)$ は隆起関数である．

＊　　　＊　　　＊

なるべく高いレベルで，滑らかさと減衰性を兼ね備えた関数にしようとしても "限界" があるのだ．では，どの程度のレベルまでなら実現可能だろうか？"限界" に届いている例を紹介しておこう．

(例 5) ガウス関数 $G(x) = e^{-x^2/2}$ を考えよう．この関数は指数関数的に減衰しているだけでなく，具体的にいろいろな計算ができることで有名である．例えば，一般階の導関数は

$$G^{(n)}(x) = \frac{i^n}{\sqrt{2\pi}} \int_{-\infty}^{\infty} e^{-t^2/2} t^n e^{ixt} dt, \quad n = 0, 1, 2, \ldots \quad (12.2)$$

と書ける．したがって，

$$\left| G^{(n)}(x) \right| \le \frac{2}{\sqrt{2\pi}} \int_0^{\infty} e^{-t^2/2} t^n dt = \frac{2^{n/2}}{\sqrt{\pi}} \Gamma\left(\frac{n+1}{2}\right) \quad (12.3)$$

となる．10 章から，右辺は $n!^{1/2}$ 程度の増大であることがわかるので，G は $G^{1/2}(\mathbb{R})$ に属する．つまり，この関数は **"とても" 解析的であり指数関数的に減衰している**のだ．

どうしてこれが "限界" に届いているといえるのか？　以下では，"限界" の一般論について，或る関数空間を導入しつつ解説する．

12.3　ゲルファント・シロフ空間

1950 年代，ゲルファント (Israil Gelfand, 1913–2009) とシロフ (Georgi Shilov, 1917–1975) により，関数空間 $\mathcal{S}_w^s$ $(s, w \ge 0)$ が定められた．

定義 12.3. C^∞ 級関数 f が**ゲルファント・シロフ空間** $\mathcal{S}_w^s$ に属するとは，或る正定数 A, B, C が存在し，

$$\left| x^n f^{(m)}(x) \right| \le CA^n B^m (n!)^w (m!)^s \quad (x \in \mathbb{R}, \ n, m \text{ は非負整数}) \quad (12.4)$$

が成り立つときをいう．

この空間にエントリーするためには，少なくとも

$$\left| f^{(n)}(x) \right| \le CB^n (n!)^s \text{ かつ } |x^n f(x)| \le CA^n (n!)^w \ (x \in \mathbb{R}, \ n = 1, 2, \ldots) \quad (12.5)$$

である必要があるわけだから，この空間の元は，かなりお行儀の良い関数である．実は，条件 (12.4) は，この (12.5) に置き換えることができる．つまり，

「高階微分と重みが入り混じった評価」をしなくても，「高階微分だけの評価」と「重みだけの評価」を独立して求めればよい．

また，

$$0 \leq s_1 \leq s_2 \text{ かつ } 0 \leq w_1 \leq w_2 \text{ ならば,} \mathcal{S}^{s_1}_{w_1} \subset \mathcal{S}^{s_2}_{w_2} \tag{12.6}$$

となることは明らかだろう．

さて，ここでクイズを一つ：

$\mathcal{S}^1_0$ という空間はどのようなものか？

$\mathcal{S}^1_0$ に属するためには，(12.5) より，解析的であって究極の減衰をしていなければならない．ところが，命題 12.2 から，そのような関数はゼロ関数しかないのであった．ということで，答えは「ゼロ関数のみ」となる．これを，「$\mathcal{S}^1_0$ は自明である (trivial)」という．では，$\mathcal{S}^s_w$ が自明であるような s, w の条件はどのようなものだろうか．

命題 12.4. $s, w \geq 0$ が次のどれか一つを満たすとき，$\mathcal{S}^s_w$ は自明である：

(1) $w = 0$ かつ $s \leq 1$.

(2) $s = 0$ かつ $w \leq 1$.

(3) $s, w > 0$ かつ $s + w < 1$.

例えば，

$$\left| x^n f^{(m)}(x) \right| \leq C A^n B^m (n!)^{1/4} (m!)^{2/3}$$

のような非ゼロ関数は**存在しない**．それでは証明を見てみよう．

*   *   *

$\mathcal{S}^1_0$ は自明だから，(12.6) より，(1) たる $\mathcal{S}^s_w$ は自明.

(2) の場合は「フーリエ変換」の知識（☞ 第 III 部 14.5.2 項にヒントあり）があれば簡単にわかるので，ここでは略する．

以下，(3) を仮定しよう．$f(x)$ を $\mathcal{S}_w^s$ の関数とする．このとき，$f(x)$ は $s < 1$ たる $G^s(\mathbb{R})$ に属するので，特に**すべての** x_0, x でテイラー級数に一致する：

$$f(x) = \sum_{n=0}^{\infty} \frac{f^{(n)}(x_0)}{n!}(x - x_0)^n.$$

実際，テイラーの公式（5 章参照）から，任意の自然数 N で，

$$\left| f(x) - \sum_{n=0}^{N} \frac{f^{(n)}(x_0)}{n!}(x - x_0)^n \right| = \left| \frac{f^{(N+1)}((1-\theta)x_0 + \theta x)}{(N+1)!}(x - x_0)^{N+1} \right|$$

$$\leq CA^{N+1}|x - x_0|^{N+1}\left((N+1)!\right)^{s-1}$$

となるが，スターリングの公式（10 章参照）から最後の項は $N \to \infty$ で 0 へ収束する．ただし，θ, A, B は適当な正定数である．

さて，テイラー級数の一般論として，微分演算と $\sum$ は交換できる．$x \neq 0$ と $m = 1, 2, \dots$ について，微分演算を m 回繰り返して，x, x_0 をそれぞれ $0, x$ に置き換えると

$$f^{(m)}(0) = \sum_{n=0}^{\infty} \frac{f^{(n+m)}(x)}{n!}(-x)^n$$

となる．$f(x)$ は $\mathcal{S}_w^s$ に属するので，

$$\left| f^{(m)}(0) \right| \leq \sum_{n=0}^{\infty} \frac{\left| f^{(n+m)}(x) \right|}{n!}|x|^n \leq \sum_{n=0}^{\infty} \frac{\left| x^{n+m} f^{(n+m)}(x) \right|}{n!}|x|^{-m}$$

$$\leq |x|^{-m} \times \sum_{n=0}^{\infty} \frac{C(AB)^{n+m}\left((n+m)!\right)^{s+w}}{n!} \quad (B \text{ は適当な正定数})$$

を得る．$s + w < 1$ であることとスターリングの公式から，最後の項にある級数は，x に依らない定数に収束する．すなわち，或る正定数 a_m によって

$$\left| f^{(m)}(0) \right| \leq a_m |x|^{-m}, \quad m = 1, 2, \dots$$

と書ける．x は任意であったので，$x \to \infty$ としてやると $f^{(m)}(0) = 0$

$(m = 1, 2, \ldots)$ を得る．これを $f(x)$ のテイラー級数に当てはめると，任意の x で

$$f(x) = \sum_{n=0}^{\infty} \frac{f^{(n)}(0)}{n!} x^n = f(0)$$

となるから $f(x)$ は定数関数である．f の減衰性から，この関数はゼロ関数でなければならない．

*　　　*　　　*

では，上の (1), (2), (3) 以外の s, w であれば，$\mathcal{S}_w^s$ は非自明 (nontrivial)（$\mathcal{S}_w^s$ にはゼロ関数以外も存在していること）であろうか．解答は次節にて．

12.4　最高にお行儀の良い関数たち

答えは Yes である！　すなわち，以下の定理を得る：

定理 12.5. $s, w \geq 0$ が次のどれか一つを満たすとき，$\mathcal{S}_w^s$ は非自明である：

$(1)'$ $w = 0$ かつ $s > 1$.

$(2)'$ $s = 0$ かつ $w > 1$.

$(3)'$ $s, w > 0$ かつ $s + w \geq 1$.

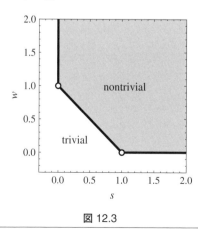

図 12.3

包含関係 (12.6) より,

- 任意の $s > 1$ で $\mathcal{S}_0^s$ に属するもの
- 任意の $w > 1$ で $\mathcal{S}_w^0$ に属するもの
- 「$s, w > 0$ かつ $s + w = 1$」たる $\mathcal{S}_w^s$ に属するもの

が,最高レベルでお行儀の良い関数たちだといえる.以下で証明の概略を記す.

$$* \qquad * \qquad *$$

各ケースについて,実際に所属している非ゼロ関数を挙げていく.

$((1)'$ のとき) 6 章で紹介した関数

$$h(x) = \begin{cases} \exp\left(-\exp(\log^2 x) - \exp(\log^2(1-x))\right) & (0 < x < 1 \text{ のとき}), \\ 0 & (\text{それ以外}) \end{cases}$$

を平行移動した

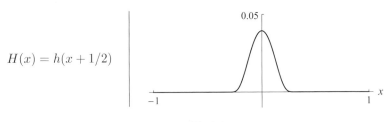

$$H(x) = h(x + 1/2)$$

図 12.4

は,任意の $s > 1$ について $\mathcal{S}_0^s$ に属する偶関数である.

$((2)'$ のとき) 例えば,

$$\hat{H}(x) = \int_0^\infty h(t)\cos(tx)dt$$

図 12.5

と与えると，これも偶関数となり，任意の $w > 1$ について $\mathcal{S}_w^0$ に属する．

$((3)'$ のとき）$s + w = 1$ のときを考えればよい．（例 5）で触れた ガウス関数

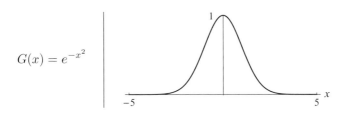

$$G(x) = e^{-x^2}$$

図 12.6

は，（例 5）から，$\mathcal{S}_{1/2}^{1/2}$ の関数であることがわかる．

次に，$1 < \rho < 2$ に対して関数

$$\varphi_\rho(x) = \prod_{n=1}^\infty \left(1 - \frac{x^2}{n^\rho}\right) = \left(1 - \frac{x^2}{1^\rho}\right)\left(1 - \frac{x^2}{2^\rho}\right)\left(1 - \frac{x^2}{3^\rho}\right)\cdots$$

を定める．

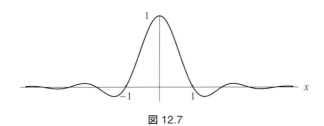

図 12.7

（図 12.7 は $\rho = 1.8$ のときの φ_ρ のグラフである．）結論を述べると，φ_ρ は $\mathcal{S}_{\rho/2}^{1-\rho/2}$，言い換えれば「$0 < s < 1/2$ たる $\mathcal{S}_{1-s}^s$」に属する．

最後に，

$$\hat{\varphi}_\rho(x) = \int_0^\infty \varphi_\rho(t) \cos(tx) dt$$

を与える．

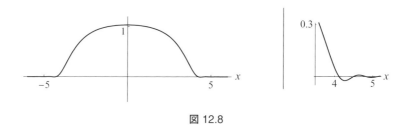

図 12.8

（図 12.8 はやはり $\rho = 1.8$ のときの $\hat{\varphi}_\rho$ のグラフである．かなりの急減少ぶりだが，台は有界でない.）これは $\mathcal{S}_{1-\rho/2}^{\rho/2}$, 言い換えれば「$1/2 < s < 1$ たる $\mathcal{S}_{1-s}^{s}$」の関数となる．

＊　　　　＊　　　　＊

証明に登場した $H, \hat{H}, G, \varphi_\rho, \hat{\varphi}_\rho$ は皆，最高レベルでお行儀の良い関数たちである．もうこれらより真に礼儀正しいものは（ゼロ関数を除いて）居ないのだ！

-------------------------------- Coffee Break --------------------------------

元々ゲルファント・シロフ空間は，偏微分方程式の研究を進めるために考案された．ここでは，熱伝導方程式の解 $u(t,x)$ が時刻 t の経過とともに変化する様子を，$\mathcal{S}_w^s$ を用いて見ていこう．

数直線全体 $\mathbb{R}$ における空間 1 次元熱伝導方程式の初期値問題は

$$\begin{cases} \dfrac{\partial^2}{\partial t^2} u(t,x) = \dfrac{\partial^2}{\partial x^2} u(t,x), & t > 0,\ x \in \mathbb{R} \\ u(0,x) = f(x), & x \in \mathbb{R} \end{cases}$$

と書かれる．ここで，$u(t,x)$ は時刻 t，位置 x における温度を表し，$f(x)$ は初期値と呼ばれ，初期時刻 $t=0$ での温度分布を指す．すなわち，$t=0$ のとき f で与えられた温度分布は，$t>0$ でどのように変化するかを問うている．

$|f(x)|$ は可積分，すなわち

$$\int_{\mathbb{R}} |f(x)|dx < \infty \tag{12.7}$$

が成り立つものとしよう．このとき，$u(t,x)$ は $f(x)$ を用いて

$$u(t,x) = \frac{1}{\sqrt{4\pi t}} \int_{\mathbb{R}} \exp\left(-\frac{(x-z)^2}{4t}\right) f(z)dz, \quad t > 0$$

と書かれることがわかる．$G_t(x) = \frac{1}{\sqrt{4\pi t}} \exp\left(-\frac{x^2}{4t}\right)$ と定め，6 章で導入した合成積 $*$ を用いると，$u(t,x) = (G_t * f)(x)$ $(t > 0)$ となる．$G_t(x)$ は，（例5）で触れたガウス関数 $G(x)$ を用いると $\frac{1}{\sqrt{4\pi t}} G\left(\frac{x}{\sqrt{4t}}\right)$ と書けるゆえ，任意の $t > 0$ で $\mathcal{S}_{1/2}^{1/2}$ に属する（問 12.5 も参照のこと）．

6 章でも少し触れているが，合成積の微分演算は，どちらか一方の微分可能な関数に寄せることができる．つまり，$(G_t * f)' = G_t' * f$ であり，

$$(G_t * f)^{(n)}(x) = (G_t^{(n)} * f)(x), \quad n = 1, 2, \ldots$$

を得る．そう，この時点で温度分布 $u(t,x)$ は $t > 0$ でありさえすれば C^∞ 級となることがわかる！　これを**平滑化効果**という．さらに (12.3) から，

$$\left|(G_t * f)^{(n)}(x)\right| \leq \int_{\mathbb{R}} G_t^{(n)}(x-z)|f(z)|dz$$
$$\leq \frac{1}{\sqrt{2\pi}} \left(\frac{1}{2t}\right)^{(n+1)/2} \Gamma\left(\frac{n+1}{2}\right) \int_{\mathbb{R}} |f(z)|dz, \quad x \in \mathbb{R}$$

を得る．したがって，

> **命題 12.6.** (12.7) たる $f(x)$ による $u(t,x)$ は，$t > 0$ のときジュヴレイ空間 $G^{1/2}(\mathbb{R})$ に属する．

が成り立つのだ．物体を局所的に（不連続的に）熱くしても，しばらく放置すると全体的に（連続的に）熱くなっている，ということは経験上何となく想像できるだろう．命題 12.6 は，（上記の熱伝導方程式が支配している世界にて）"瞬時にとても解析的に" 滑らかな温度分布に変化することを指している．以下に，

$$f(x) = \begin{cases} 1 & (-1 < x < 1 \text{ のとき}), \\ 0 & (\text{その他}) \end{cases}$$

としたときの $u(t,x)$ のグラフを載せておく：

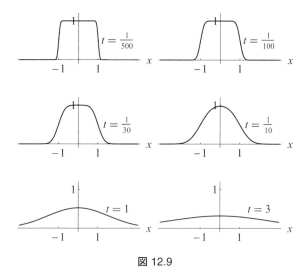

図 12.9

一方，$u(t,x)$ の減衰については，滑らかさの場合と異なり「初期値 $f(x)$ の減衰レートより良くなる」ということは無い．もう少し詳しくいえば，

　$u(t,x)$ の減衰レートは，$G_t(x)$ と f のうち，遅い方に従う．

例えば，ちょっとした計算を経ると，

命題 12.7. 或る正定数 k, A, C により

$$|f(x)| \leq C \exp\left(-A|x|^k\right), \quad x \in \mathbb{R}$$

となるとき，各 $t > 0$ で或る正定数 A', C' が存在し

$$|u(t,x)| \leq C' \exp\left(-A'|x|^{2 \wedge k}\right), \quad x \in \mathbb{R}$$

を満たす．ただし，$2 \wedge k$ は「2 と k のうち小さい方の数」を指す．

ということがわかる．したがって特に，

$$|f(x)| \leq C \exp\left(-A|x|^2\right), \quad x \in \mathbb{R}$$

を満たすような f であれば，$u(t,x)$ $(t > 0)$ は常に $\mathcal{S}_{1/2}^{1/2}$ に属することになる．

つまり，最高レベルでお行儀の良い関数たちが量産されるのだ．ということで最後に，$\mathcal{S}_{1/2}^{1/2}$ に住まう関数たちをたくさん載せておこう：

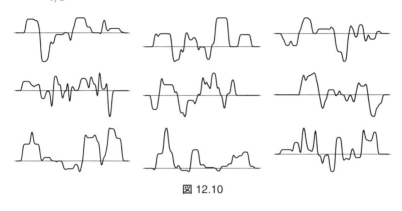

図 12.10

章末問題

問 12.1 定積分 $\int_0^1 \cos(tx)dt$ を用いて，不等式

$$\left|\mathrm{sinc}^{(n)}(x)\right| \le \frac{1}{n+1} \quad (-\infty < x < \infty \quad かつ \quad n = 0,1,2,\dots)$$

を証明せよ．

問 12.2 隆起関数は究極の減衰をすることを示せ．

問 12.3 究極の減衰をしない関数 $f(x)$ のうち，任意の多項式 $P(x)$ に対して，

$$|f(x)| \le Ce^{-|P(x)|} \quad (-\infty < x < \infty,\ C は x に依らない正定数)$$

を満たすものの例を挙げよ．

問 12.4 包含関係 (12.6) を証明せよ．

問 12.5 $s, w \ge 0, \lambda > 0$ とする．C^∞ 級関数 $f(x)$ が $\mathcal{S}_w^s$ の関数とするとき，関数 $y = f(\lambda x)$ も同じ空間に属することを示せ．

問 12.6 隆起関数のうち，「どのゲルファント・シロフ空間にも属さないもの」を一つ挙げよ．

問 12.7 $0 < s < 1$ とし，A を正定数とするとき，任意の非負整数 m で級数

$$\sum_{n=0}^{\infty} \frac{A^n \left((n+m)!\right)^s}{n!}$$

が収束することを示せ．

問 12.8 $\rho > 1$ とするとき，任意の実数 x で，無限積

$$\prod_{n=1}^{\infty} \left(1 - \frac{x}{n^\rho}\right) = \left(1 - \frac{x}{1^\rho}\right)\left(1 - \frac{x}{2^\rho}\right)\left(1 - \frac{x}{3^\rho}\right)\cdots$$

が収束することを示せ．

問 12.9 $\operatorname{sech}(x) = \dfrac{2}{e^x + e^{-x}}$ とおく（双曲線正割関数という）．定積分の等

式 $\displaystyle\int_0^\infty \frac{t^{ix}}{1+t^2} dt = \frac{\pi}{2}\operatorname{sech}\left(\frac{\pi x}{2}\right)$ $(-\infty < x < \infty)$ を用いて，公式

$$\int_{-\infty}^{\infty} \operatorname{sech}(t) e^{itx} dt = \pi \operatorname{sech}\left(\frac{\pi x}{2}\right)$$

を示せ．

問 12.10 $\operatorname{sech}(x)$ が $\mathcal{S}_1^1$ に属することを示せ．

13章

ハメルの関数

13.1 プロローグ

　数学の世界に飛び込み，いろいろなヘンテコ関数を覗いてきたが，そろそろ旅の終わりが近づいてきたようだ．ここで紹介するは，これまでで最も奇妙かつ理解しにくい関数たちだろう．何せ，**存在しても存在しなくてもどちらでもよい**のだ．なんてこった！　これはどういうことなのか？　もし，存在するとした場合，それは（どこであっても）微分も積分もできないし，そのグラフの似顔絵を描くことも不可能である．他章よりずっとヘンテコなこの関数たち，実は恐ろしいことに，「すべての連続関数たち」より "遥かに多い" ことがわかる．

　以上を理解するためには，純粋なる論理展開で進めていく他ない．本章は「上級編」ということで，ちょっと専門用語が多めで難解な解説となるが，楽しんでいただければ幸いである．

13.2 ちょっとした切っ掛け

　5章にて登場したコーシーは，数学史上最も重要な人物の一人である．例えば，本書でも（こっそり）多用している「複素解析学」の基本は，殆ど彼の作品である．さらには，数列の "収束" や関数の "連続" について厳密な定式化を図り，結果として現代解析学の基礎中の基礎に決定的な影響を与えている．"連続" に拘ったコーシーが，大著『解析教程（1821 年）』5 章の冒頭に次の問題を記述した：

【問題 13.1】定義域が $\mathbb{R} = (-\infty, \infty)$ である実数値**連続**関数 $\phi(x)$ で，

任意の変数 x, y に対して $\quad \phi(x + y) = \phi(x) + \phi(y)$ $\qquad$ (13.1)

を満たすものを求めよ.

(13.1) の性質を**加法的である**という.すなわち,加法的な実数値**連続**関数とは何者か?と訊いている.この問題はさほど難しくないので,サラッと解いてみよう.

＊　　　　＊　　　　＊

(Step 1) まず $\phi(0) = \phi(0 + 0) = \phi(0) + \phi(0)$ から $\phi(0) = 0$ が成り立つ.また実数 x と自然数 n について

$$\phi\left(nx\right) = \phi\left(\sum_{k=1}^{n} x\right) = \sum_{k=1}^{n} \phi(x) = n\phi(x)$$

となる.特に $\phi(n) = n\phi(1)$ である.さらに $\phi(n) + \phi(-n) = \phi(n + (-n)) = \phi(0) = 0$ から $\phi(-n) = -\phi(n) = -n\phi(1)$ を得る.まとめると,任意の整数 m で $\phi(m) = m\phi(1)$ が成り立つ.この等式はすべての有理数でも真となる.実際,0 でない整数 m, ℓ について $q = \frac{m}{\ell}$ とおくと,

$$\phi\left(q\right) = \phi\left(m \times \frac{1}{\ell}\right) = m\phi\left(\frac{1}{\ell}\right) = \frac{m}{\ell} \times \ell\,\phi\left(\frac{1}{\ell}\right) = \frac{m}{\ell}\phi\left(\ell \times \frac{1}{\ell}\right)$$
$$= q\phi\left(1\right)$$

となっている.

(Step 2) 任意の実数 x は,或る有理数列 $\{q_n\}_{n=1}^{\infty}$ によって $\displaystyle\lim_{n \to \infty} q_n = x$ と書ける(有理数の稠密性).ϕ は**連続**だから

$$\phi(x) = \phi\left(\lim_{n \to \infty} q_n\right) = \lim_{n \to \infty} \phi\left(q_n\right) = \lim_{n \to \infty} q_n\phi\left(1\right)$$
$$= x\phi\left(1\right)$$

が成立する.したがって,**比例の関数**

$$\phi(x) = Kx \quad (K \text{ は固定された任意定数})$$

が与えられる.

*   *   *

加法的な実数値**連続**関数は比例の関数しかあり得ないことがわかった. さて, (13.1) は**コーシーの関数方程式**とも呼ばれる. K は任意定数であり, 解 $\phi(x)$ は無限個あるが, どこかしらの $x_0 \neq 0$ における $\phi(x_0)$ が既知であれば,

$$\phi(x) = \frac{\phi(x_0)}{x_0} x$$

という一意な解を得る.

1 章の Coffee Break にて似たようなことを述べたが, 数学者は兎角, 問題の仮定を強めたり弱めたりしながら得られる結果の相異を吟味することが大好きである. 問題 13.1 については, 「連続」という仮定を外したくなる. すなわち,

> **【問題 13.2】** 定義域が $\mathbb{R}$ である実数値連続関数 $\phi(x)$ で, コーシーの
> 関数方程式 (13.1) の解となるものを求めよ.

を解きたくなってしまうのだ. もちろん $\phi(x) = Kx$ （線形解という）は引き続き解であって, いま知りたいのは非線形解（線形解以外の解）である. さて, 問題 13.1 の証明を振り返ると, (Step 1) は問題 13.2 でもそのまま適用できる. つまり,

或る実定数 K が存在し, $\quad \phi(q) = Kq \quad (q \in \mathbb{Q})$

は再び正しい. ただし, $\mathbb{Q}$ は有理数全体の集合である. 一方, (Step 2) は連続性を要するため, 今回は適用できない. 言い換えると, 現時点では非線形解が存在してもおかしくないのだ.

13.3 なんとか構成してみる

とりあえず何か 1 個でもよいから線形解以外を作ってみたい.

$\phi(x)$ は問題 13.2 の解とする. 上述のとおり, (Step 1) から ϕ は $\mathbb{Q}$ では比例

の関数となる．もっと一般に，任意の固定された実数 x_0 で

$$\phi(qx_0) = q\phi(x_0) \quad (q \in \mathbb{Q})$$

が成り立つ．少し言い換えると，ϕ は集合 $x_0\mathbb{Q} = \{qx_0 \,;\, q \in \mathbb{Q}\}$ 上で比例の関数である．

r_1 を無理数とする．このとき，ϕ は集合 $r_1\mathbb{Q}$ で比例の関数となるが，$\mathbb{Q}+r_1\mathbb{Q} = \{q_0 + q_1 r_1 \,;\, q_0, q_1 \in \mathbb{Q}\}$ ではいかがか．ϕ の加法性から

$$\phi(q_0 + q_1 r_1) = q_0\phi(1) + q_1\phi(r_1) \quad (q_0, q_1 \in \mathbb{Q})$$

となるところまではわかる．後は

$$\phi(r_1) = r_1\phi(1)$$

が得られれば比例の関数であることが判明する．ところが，ϕ に連続性が仮定されていないことが影響して，その等式の真偽は不明のままとなる．つまり，非線形解の存在を否定できないのだ．

以上を踏まえて，非線形解になりそうな関数を一つこしらえてみよう．$1, r_1, r_2, \ldots, r_n$ を有理数体上線形独立，すなわち，

もし有理数 $q_0, q_1, q_2, \ldots, q_d$ が $q_0 + q_1\gamma_1 + q_2\gamma_2 + \cdots + q_d\gamma_d = 0$ を満たすとき，$q_0 = q_1 = q_2 = \cdots = q_d = 0$ である

が成り立つような実数とし，固定する．また集合 A を

$$A = \mathbb{Q} + r_1\mathbb{Q} + r_2\mathbb{Q} + \cdots + r_n\mathbb{Q}$$

と定め，自由に選んだ実定数 $\alpha_0, \alpha_1, \alpha_2, \ldots, \alpha_n$ による写像

$$f(q_0 + q_1 r_1 + q_2 r_2 + \cdots + q_n r_n) = q_0\alpha_0 + q_1\alpha_1 + q_2\alpha_2 + \cdots + q_n\alpha_n$$

を任意の有理数 $q_0, q_1, q_2, \ldots, q_n$ に対して与える．

▶ **注 13.1** $1, r_1, r_2, \ldots, r_n$ が有理数体上線形独立でないとき，A の或る数 x のうち異なる 2 通りの書き方

$$x = q_0 + q_1 r_1 + q_2 r_2 + \cdots + q_n r_n = q_0' + q_1' r_1 + q_2' r_2 + \cdots + q_n' r_n$$

をもつものがある．この場合，$f(x)$ の定義は不適切になる．

このとき，f は A では加法的であり，

$$\frac{\alpha_1}{r_1} = \frac{\alpha_2}{r_2} = \cdots = \frac{\alpha_n}{r_n} = \alpha_0$$

と**設定しない限り**，比例の関数にはならない．すなわち定義域を A **に絞れば**，コーシーの関数方程式の非線形解をザックザク獲ることができるのだ．

では本来の定義域 $\mathbb{R}$ ではどうだろうか？　もし $\mathbb{R}$ が "A のような集合" であればうまくいくのだが．

13.4　A のような集合

有理数体上線形独立な $1, r_1, r_2, \ldots, r_n$ を巧く選ぶことで

$$\mathbb{R} = \mathbb{Q} + r_1 \mathbb{Q} + r_2 \mathbb{Q} + \cdots + r_n \mathbb{Q}$$
$$\left(= \{q_0 + q_1 r_1 + q_2 r_2 + \cdots + q_n r_n ; q_0, q_1, q_2, \ldots, q_n \in \mathbb{Q}\} \right)$$

となることは…ありえない．実際，2 章で触れた「濃度」を用いると理由がわかる．右辺の集合は直積集合

$$\underbrace{\mathbb{Q} \times \mathbb{Q} \times \cdots \times \mathbb{Q}}_{(n+1) \text{ 個}}$$

と等濃度であり，それは単独の $\mathbb{Q}$ とも濃度が等しい．一方，$\mathbb{R}$ の濃度は $\mathbb{Q}$ のそれよりも真に大きい．濃度が合わないということは，当然集合が違うということになる．

有限個の $1, r_1, r_2, \ldots, r_n$ でこしらえた A では，絶対 $\mathbb{R}$ に届かないので無限個にしてみよう．とはいえ，$\mathbb{Q} + r_1 \mathbb{Q} + r_2 \mathbb{Q} + \cdots + r_n \mathbb{Q} + \cdots$ のように無限和にするのは諸事情によりマズイ．まず，次のような設定をする：

定義 13.1. S を $\mathbb{R}$ の空でない部分集合とし,

$$a_1, a_2 \in S \text{ かつ } q_1, q_2 \in \mathbb{Q} \text{ ならば,} \quad q_1 a_1 + q_2 a_2 \in S \qquad (13.2)$$

を満たしているとする. S の部分集合 B が, S の**基底**であるとは,

- B に属する任意の有限個の実数たちは有理数体上線形独立である（以下，これを「B は線形独立な集合」と呼ぶ）.
- S に属する任意の数 x に対して, B に属する有限個の実数 $r_0, r_1, r_2, \ldots, r_n$ と有限個の有理数 $q_0, q_1, q_2, \ldots, q_n$ が

$$x = q_0 r_0 + q_1 r_1 + q_2 r_2 + \cdots + q_n r_n$$

を満たすように存在する.

が成り立つときをいう.

▶**注 13.2** 　線形代数を学んだ人向けに解説すると，いま $\mathbb{R}$ は "$\mathbb{Q}$ をスカラー体としたベクトル空間" と見做しており，S は $\mathbb{R}$ の部分空間として設定している.

少しわかりにくいので例を挙げてみよう.

- 有理数体上線形独立な $r_0, r_1, r_2, \ldots, r_n$ による $A_1 = r_0 \mathbb{Q} + r_1 \mathbb{Q} + r_2 \mathbb{Q} + \cdots + r_n \mathbb{Q}$ は (13.2) を満たし，集合 $\{r_0, r_1, r_2, \ldots, r_n\}$ は A_1 の基底である.
- p_n を n 番目の素数とする（例：$p_5 = 11$）. このとき，或る有限個の自然数 $n(1), n(2), \ldots, n(k)$ と或る有理数 $q_1, q_2, \ldots, q_k$ によって $q_1 \sqrt{p_{n(1)}} + q_2 \sqrt{p_{n(2)}} + \cdots + q_k \sqrt{p_{n(k)}}$ と書かれる数全体の集合 A_2 の基底は，線形独立な無限集合 $\{\sqrt{p_n} ; n = 1, 2, \ldots\}$ である. かなり大きい集合になりそうだが，実際は $\mathbb{Q}$ と等濃度だ.

上では，先に S が与えられて次に B を知る，という順序だったが，以下では

順番を逆にする. $\mathbb{R}$ の空でない部分集合 C に対して,

> C に属する或る有限個の実数 $c_1, c_2, \ldots, c_k$ と或る有理数 $q_1, q_2, \ldots, q_k$ によって $q_1 c_1 + q_2 c_2 + \cdots + q_k c_k$ と書かれる数全体の集合

を $\mathrm{Span}\, C$ (C で張られる空間という) と書く. もし C が線形独立ならば, $\mathrm{Span}\, C$ の基底は C そのものである. 例えば上の A_1, A_2 は

$$A_1 = \mathrm{Span}\{r_0, r_1, r_2, \ldots, r_n\}, \quad A_2 = \mathrm{Span}\{\sqrt{p_n}\, ; n = 1, 2, \ldots\}$$

となる.

$\mathbb{R}$ の空でない線形独立な無限部分集合 B による $\mathrm{Span}\, B$ は, 件の "A のような集合" といえるだろう. 実際前節では, 線形独立な有限集合 $B = \{1, r_1, r_2, \ldots, r_n\}$ で張られる $\mathrm{Span}\, B$ において加法的な非線形関数 f を構築したが, この手続きは無限集合であっても可能である:

命題 13.2. 写像 $\varphi : B \to \mathbb{R}$ を一つ選ぶ. $\mathrm{Span}\, B$ に含まれる実数 x ($\neq 0$) を固定するとき, 或る B の実数 $r_0, r_1, r_2, \ldots, r_n$ と或る有理数 $q_0, q_1, q_2, \ldots, q_n$ が **一意に存在し**

$$x = q_0 r_0 + q_1 r_1 + q_2 r_2 + \cdots + q_n r_n$$

を満たす. これに基づき

$$f(x) = q_0 \varphi(r_0) + q_1 \varphi(r_1) + q_2 \varphi(r_2) + \cdots + q_n \varphi(r_n)$$

と定めると, f は $\mathrm{Span}\, B$ で加法的である.

▶ **注 13.3** φ は, 前節における $\{\alpha_0, \alpha_1, \alpha_2, \ldots, \alpha_n\}$ を対応させる写像に相当する.

したがって, 後は $\mathbb{R} = \mathrm{Span}\, B$ となる線形独立な B (**ハメル基底**という) を探し求めれば, 問題 3.2 における非線形解を構築できたことになる. だいぶ外堀が埋まってきた気がするが….

13.5 あるのか，ないのか

結論からいってしまうと，ハメル基底の存在は，一つの仮定を認めてしまえ
ば "数学的帰納法の一般化" によって証明できる．その仮定は，

$\mathbb{R}$ は**整列可能**な集合である

というものである．

体育の先生に「前ならえ！」と言われたら，児童・生徒たちは

- 背の低い順に並び，
- 一番前の人は手を腰に当て，それ以外の人たちは両手を前に伸ばす

ことはご承知だろう．もし $\mathbb{R}$ の**どの部分集合も**その「前ならえ」ができれば，
$\mathbb{R}$ は整列可能であるといわれる．厳密には以下のとおりである：

定義 13.3. $\mathbb{R}$ の或る二項関係 $\preceq$ によって次の5条件が成り立つとき，
$\mathbb{R}$ は整列可能であるという．

(W1) すべての実数 a, b について

$$a \preceq b \quad \text{または} \quad b \preceq a.$$

(W2) すべての実数 a について $a \preceq a$.

(W3) すべての実数 a, b について

$$a \preceq b \text{ かつ } b \preceq a \quad \text{ならば} \quad a = b.$$

(W4) すべての実数 a, b, c について

$$a \preceq b \text{ かつ } b \preceq c \quad \text{ならば} \quad a \preceq c.$$

(W5) $\mathbb{R}$ の任意の空でない部分集合 S について，或る $m \in S$ が存在し，
「すべての $s \in S$ に対して $m \preceq s$」を満たす（この m を S の最小
元という）．

(W1) から (W4) を満たす $\preceq$ を全順序関係と呼ぶ．さらに (W5) も真であれば**整列順序関係**という．通常の大小関係 $\leq$ は明らかに全順序関係となる．しかし残念ながら，$\mathbb{R}$ 自体に最小元が無いので (W5) は成り立たず，整列順序関係ではない．では，他の二項関係で，整列順序となるものはあるのだろうか？　答えは何と，

どちらでもよい

なのだ！！　何だそれは．

そもそも集合 $\mathbb{R}$ を構成する際には，最低限用意しなければならない "集合論のお約束" ごとがある．

> ▶ **注 13.4**　このお約束ごとは厳密には**公理**と呼ばれる．最も基本的なものは ZF 公理系である．この公理系を認めることで，「集合が等しいことの意味付け」がなされ，「空集合・和集合・共通部分・無限集合・冪集合」の存在が保証される．また，連続の公理（☞ 定義 14.1 参照）も必須だ．これのおかげで，全く当たり前に思える命題「単調増加な実数値有界列は収束する」が初めて真となる．

実は，件の「$\mathbb{R}$ は整列可能か？」という問いについては上記のお約束ごとだけでは答えることができない．問題解決のためには，何らかのお約束を追加する必要がある．

以下では Coffee Break を除いて，

> **選択公理.**　$\mathcal{S}$ を任意の集合族（集合の集合のこと）とする．もし空集合 $\emptyset$ が $\mathcal{S}$ に属していなければ，$\mathcal{S}$ の各要素（実際は集合である）から，一つずつ要素を選び出し新しい集合を作ることができる．

を認めることにしよう．選択公理は，数学基礎論など一部の分野を除けば，予め約束しているものだが，ありがたいことに

> **命題 13.4.** ZF と選択公理を認めれば，$\mathbb{R}$ は整列可能である．

が導かれてしまうのだ．

13.6 ZFC 下での証明

ZF に選択公理 (axiom of choice) が加わった公理系を ZFC という．この節では，ZFC を認めたうえで（自動的に $\mathbb{R}$ は整列可能となる）ハメル基底の存在を証明する．

まず，前節で述べた "数学的帰納法の一般化" について触れよう．$\preceq$ を $\mathbb{R}$ の整列順序関係とし，$\mathbb{R}$ の $\preceq$ に関する最小元を o とする．実数 a に対して，集合

$$\langle a \rangle = \{b \in \mathbb{R}\,;\, b \preceq a \text{ かつ } b \neq a\}$$

を定める．すなわち，$\preceq$ の意味で a より小さいもの全体の集合である．これを a による切片という．$\langle o \rangle = \emptyset$ に注意しよう．このとき，次が成り立つ：

定理 13.5（超限帰納法）．$P(a)$ を，実数 a に依存する命題とする．もし

- $P(o)$ は真．
- o でないすべての実数 a で

    「すべての $b \in \langle a \rangle$ で $P(b)$ は真」ならば「$P(a)$ は真」

  が真．

が成り立つとき，すべての実数 x で $P(x)$ は真となる．

「a より小さいすべての数で命題がいえていれば，自動的に a でもいえる」がどのような a に対しても成り立つならば，$P(x)$ はどんな x でも正しいのだ．正に数学的帰納法と同じ趣旨である．興味深いので背理法を用いて証明を与えておこう．

＊　　　＊　　　＊

或る実数 x で $P(x)$ が偽であるとする．このとき，$F = \{a \in \mathbb{R}\,;\, P(a) \text{ は偽}\}$ という集合は $\mathbb{R}$ の空でない部分集合となるため，最小元 a_0 をもつ．$a_0 \in F$ ゆえ，$P(a_0)$ も偽となる．さらに $P(o)$ が真だから $a_0 \neq o$ も得られる．a_0 の最小性から，$o \preceq b \preceq a_0$ かつ $b \neq a_0$ たる b に対しては，$P(b)$ は真である．した

がって仮定より $P(a_0)$ は真であり矛盾する. ゆえに, すべての x で $P(x)$ は真となる.

＊　　　＊　　　＊

いよいよ本番である. ハメル基底の存在性を証明する際は, ツォルンの補題（選択公理と同値な命題）を用いることが多いが, ここでは,

$o \neq 0$ となるような整列順序関係 $\preceq$

を選んだうえで（本当にこのようなものが選べることは章末問題とする）, ズバリ

$$B = \{x \in \mathbb{R}\,;\, x \neq 0 \text{ かつ } x \notin \mathrm{Span}\,\langle x\rangle\}$$

がハメル基底であることを超限帰納法にて示そう.

＊　　　＊　　　＊

（B が線形独立であること）まず, B から有限個の（相異なる）要素 $r_1, r_2, \ldots, r_n$ を選ぶ. ここで $r_1 \preceq r_2 \preceq \cdots \preceq r_n$ としても一般性を失わない. $\{r_1\}$ が線形独立であることは自明だから, 以降 $n \geq 2$ としよう. $k = 2, \ldots, n$ に対して $r_k \notin \mathrm{Span}\,\langle r_k\rangle$ であるが, $\mathrm{Span}\,\langle r_k\rangle \supset \mathrm{Span}\{r_1, r_2, \ldots, r_{k-1}\}$ もいえるので, $r_k \notin \mathrm{Span}\{r_1, r_2, \ldots, r_{k-1}\}$ である. これは $\{r_1, r_2, \ldots, r_n\}$ が線形独立であることを導く.

（$\mathrm{Span}\,B = \mathbb{R}$ であること）$o \neq 0$ と $\mathrm{Span}\,\langle o\rangle = \emptyset$ から, $o \in B$ となる. ゆえに $o \in \mathrm{Span}\,B$.

次に, a を o でない実数とし,「$b \in \langle a\rangle$ ならば $b \in \mathrm{Span}\,B$」と仮定する. もし $a \in B$ または $a = 0$ ならば, 明らかに $a \in \mathrm{Span}\,B$ となる. 一方, $a \neq 0$ かつ $a \notin B$ のときは, $a \in \mathrm{Span}\,\langle a\rangle$ となるが, $\mathrm{Span}\,\langle a\rangle \subset \mathrm{Span}\,\mathrm{Span}\,B = \mathrm{Span}\,B$ から, やはり $a \in \mathrm{Span}\,B$ となる. ゆえに超限帰納法から,

すべての実数 x で $x \in \mathrm{Span}\,B$

となることがわかり, $\mathrm{Span}\,B = \mathbb{R}$ を得る.

$$* \qquad * \qquad *$$

かなり頭が憑かれた，いや，疲れただろう．以上をまとめると，

選択公理を認めておけば，コーシーの関数方程式における非線形解を無尽蔵に作ることができるのだ．

13.7 ハメルの関数は幾つある？

本節も ZFC を認めよう．実数値関数 $f(x)$ を命題 13.2 で定義された関数とする．B がハメル基底であるとき，f を**ハメル関数**と呼ぶ．命題 13.2 を眺めるとハメル関数には，「ハメル基底と写像 $\varphi : B \to \mathbb{R}$ の選び方」という 2 つの任意性があることに気づく．

いまハメル基底 B は固定することにして，φ の選び方の "パターン数" を見ていこう．まず B は無限集合であるので，パターン数も当然無限個ある．そういった無限集合の "個数" を知る際は，「濃度」を測ればよい．実は B は $\mathbb{R}$ と等濃度であり，それゆえ，

B から $\mathbb{R}$ への写像全体の集合（$=\varphi$ のパターン数）

の濃度は

$\mathbb{R}$ から $\mathbb{R}$ への写像全体の集合

のそれと等しいことがわかるのだが，これらは $\mathfrak{c}$（$\mathbb{R}$ の濃度）より大きい．一方，線形解 $y = Kx$ の任意性は K の選び方のみに依るので，「線形解全体の集合」の濃度は $\mathfrak{c}$ である．すなわち，

非線形解は線形解より圧倒的に多い

と感覚的にいうことができる．

もっと恐ろしいことをいおう．線形解の構成方法を思い出すと，

連続関数は，x が有理数のときの値を定めてしまえば，無理数のときの値

は自動的に決まる

ことがわかる．すなわち，連続関数全体の集合（$C(\mathbb{R})$ と書く）は，

$\mathbb{Q}$ から $\mathbb{R}$ への写像全体の集合

より実質的に大きくなることは無い．そしてこの濃度はなんと $\mathfrak{c}$ と等しくなる．
つまり，

ハメル関数は連続関数より圧倒的に多い

となってしまうのだ！　この本の冒頭で，

教養の教科書に載らないような「ヘンテコな関数」の方がずっとずっとた
くさん生息しているのだ

と書いたが，これが一つの証左となっている．

13.8　せっかくなのでぶっ飛んだ関数を作る

本節も ZFC を認めよう．もう，コーシーの関数方程式の話では無いのだが，
ハメル基底を使ってヘンテコ関数を作ってみよう．

ハメル基底 B を固定する．B と $C(\mathbb{R})$ は $\mathbb{R}$ と等濃度だから，B の要素や連
続関数に，実数を"整理番号"として名札を付けることができる：

$$B = \{r_\lambda \,;\, \lambda \in \mathbb{R}\}, \quad C(\mathbb{R}) = \{f_\lambda \,;\, \lambda \in \mathbb{R}\}.$$

復習だが，実数 x を任意に選ぶと，B に属する有限個の要素 $r_{\lambda_1}, r_{\lambda_2}, \ldots, r_{\lambda_n}$
と有理数 $q_1, q_2, \ldots, q_n$ が一意に存在し

$$x = q_1 r_{\lambda_1} + q_2 r_{\lambda_2} + \cdots + q_n r_{\lambda_n}$$

と書ける．この x に対して，関数 $F(x)$ を

$$F(x) = f_{\lambda_1}(q_1 r_{\lambda_1}) + f_{\lambda_2}(q_2 r_{\lambda_2}) + \cdots + f_{\lambda_n}(q_n r_{\lambda_n})$$

によって定義する．さあ，この関数はどこが変なのか？

B の要素 r_λ を一つ選び，定義域を $r_\lambda \mathbb{Q}$ に絞った場合，$F(x) = f_\lambda(x)$ を得る．このグラフは，$\mathbb{R}$ **で定義された** $y = f_\lambda(x)$ に稠密（8 章参照）となる．これを

　　λ というスイッチを押すと f_λ という連続関数を投影する

と呼ぶことにすると，

　　任意の連続関数は，どれかのスイッチを押せば，必ず投影される

こともわかる．無尽蔵にあるはずの連続関数たちは皆，たった 1 人の F から逃れられないのだ．なんだか，『西遊記』における孫悟空と釈迦如来の掌との関係に思えなくもないが，そんなことはどうでも宜しい．

さて，定義域を絞らず $F(x)$ をそのまま描いた場合，「すべての連続関数を同時に描画したグラフ」に稠密となる．そう，F のグラフは xy 平面 $\mathbb{R}^2$ に稠密となるのだ．実は，F のように複雑なものでなくとも，もっといえば，ハメル関数ですら同様である．

命題 13.6. 線形解でないハメル関数 $f(x)$ のグラフは $\mathbb{R}^2$ に稠密である．特に $f(x)$ は非有界となる．

▶**注 13.5**　グラフが $\mathbb{R}^2$ に稠密となるような関数は，ZFC を前提としなければ与えられないわけではない．例えば，8 章を踏まえると，

$$g(x) = \begin{cases} \tan\sqrt{2}k & (x = \tan k \text{ たる自然数 } k \text{ が存在するとき)}, \\ 0 & \text{（それ以外）} \end{cases}$$

でもよいことがわかる．

13.9　究極のヘンテコ

くどいけれども本節も ZFC を認めよう．命題 13.6 から，線形解でないハメル関数 $f(x)$ については，そのグラフが $\mathbb{R}^2$ に稠密となる．それが起因し，$f(x)$ はすべての点 x で連続でなく，当然微分もできないことがわかる．では積分は

どうだろうか.

　まず, 注 13.5 にある $g(x)$ を考える. これは, 高校や大学教養で教わる積分 (リーマン積分という) では, どれだけ積分領域を狭めても積分不可能である. 一方, リーマン積分の概念をほぼ包括し, 現代解析学において必須のものとなっている**ルベーグ積分**の枠組みで捉えると,

$$\int_{\mathbb{R}} g(x)dx = 0$$

という答えが得られる. $g(x)$ がゼロでないような x をすべて集めても, 零集合 (2 章参照) となるのが理由である. 大学の専門課程にて解析学をしっかり学べば, 全く恐れることは無い話である.

　では主役の $f(x)$ ではどうか? 　こちらはしっかり勉強した者でも大いにうろたえる. 全く次元が異なるヘンテコ具合なのだ. そもそも, ルベーグ積分という秤にかける前提として, **ルベーグ可測性** (☞ 第 III 部 14.4.2 項参照) を有している必要がある. “普通の関数” を扱っている限り, この性質は “黙っていても” もっているといってよい. 他の章に現れるすべての関数も皆ルベーグ可測である. ところが, この非線形なハメル関数は, ルベーグ可測でない! 　したがって, ルベーグ積分がどうのこうのと議論するためのスタートラインにも立てないのだ.

　いかがだったろうか? 　とてもシンプルな関数方程式の問題から始まり, 最後はとんでもなくヘンテコな関数を唱えることになった. ここに到達するためには, 種々の分野の知識が必要となるのでハードなことは否めない. しかし, そこを乗り切れば圧倒的に不可思議な世界を愉しむことができるのだ.

━━━━━━━━━━━━━━━━ **Coffee Break** ━━━━━━━━━━━━━━━━

　選択公理を前提としない場合の世界を覗こう. とはいえ ZF だけでは話が進まないので何らかの公理を与える必要がある. ここでは, ミシェルスキー (Jan Mycielski, 1932–) とスタインハウス (Hugo Steinhaus, 1887–1972) によって

与えられた決定性公理を採用する．詳細を語る前にまず些末な話を一つ．「遅出しじゃんけん」はなぜやってはいけないのか？　それは，うっかりしない限り後手必勝であり，勝負にならないからだ．言うまでも無く，必勝戦略は

　　　先手の出したグー・チョキ・パーを見てそれに勝てる手を出す

となる．これは極めて単純で1回の出し合いで終わるゲームである．一方決定性公理は，

　　　先手・後手と無限にやりとりが続くゲームのうち，相手の出した手が完全に把握できる場合，先手か後手のどちらかには必勝法が存在する

ことを保証するものだ．詳細を以下に記す：

> **決定性公理** (axiom of determinacy)．　非負整数全体の集合を $\mathbb{Z}_0$ とし，$\mathbb{Z}_0$ の数列 $\{a_n\}_{n=0}^{\infty}$ 全体の集合を $\mathbb{Z}_0^{\mathbb{Z}_0}$ とおく．部分集合 $\mathcal{A} \subset \mathbb{Z}_0^{\mathbb{Z}_0}$ について，ゲーム $G(\mathcal{A})$ を次のように定義する：
>
> > プレイヤー I がはじめに非負整数 a_0 を出す．それを見て，もう一人のプレイヤー II が非負整数 a_1 を出す．以下同様に，I と II が交互に $a_2, a_3, \ldots$ と非負整数を出し合っていく（出した数は公開されている）．こうしてできた数列 $\{a_n\}_{n=0}^{\infty}$ が $\mathcal{A}$ に属するとき，I の勝利といい，そうでないときは II の勝利という．
>
> このとき，任意の $\mathcal{A}$ に対して I または II のどちらか一方は，ゲーム $G(\mathcal{A})$ の必勝戦略をもつ．

これも，$\mathbb{R}$ の整列可能性と同様に，ZF だけでは何ら答えが得られない命題である．

ZF に決定性公理を付け加えた公理系を ZF+AD と呼ぶ．このとき，次が成り立つ：

> **定理 13.7.** ZF+AD を認めるとき，$\mathbb{R}$ から $\mathbb{R}$ への写像はすべてルベーグ可測である．

一方，コーシーの関数方程式について次のことがわかっている：

> **定理 13.8.** （AD を認めなくても）ルベーグ可測な加法的関数は連続となる.

連続な加法的関数は線形解となるので，上記 2 つの定理から，加法的関数はすべて線形解である．ここで「ハメル基底が存在する」と仮定すると ZF+AD の枠組みでも「非線形ハメル関数が構成でき，それは非線形解である」が得られてしまい，当然矛盾してしまう．ゆえに

> **定理 13.9.** ZF+AD を認めるとき，ハメル基底は存在しない．したがって特に非線形ハメル関数も存在しない.

を得る．これで本章冒頭の

　　存在しても存在しなくてもどちらでもよい

という伏線を回収することができた．つまり，どのような公理系で考えるかによって非線形ハメル関数の存在，非存在が左右されるのである．
　さて，ZFC 下ではハメル基底が構成できたので，

> **定理 13.10.** ZF の下で，選択公理と決定性公理は矛盾する.

ことも判明した．つまり同時に公理とすることは不可である．解析学の概念であるルベーグ可測性と線形代数学の基本である基底の概念を通して，数学基礎論の基本的性質が導かれるのは興味深い．これは，

　　代数・解析・幾何・確率統計・情報数理のように，数学には種々の分野が
　　鎮座しているように見えるかもしれないが，どれか一つを選んで専念すれ
　　ばよいわけではなく，すべての分野にアンテナを張って精進すべきだ

という己への戒めである.

章末問題

問 13.1 定義域を $\mathbb{Q} + \sqrt{2}\mathbb{Q}$ としたときの，コーシーの関数方程式の非線形解を一つ作れ．

問 13.2 命題 13.2 で構成された関数 $f(x)$ が実際に加法的であることを証明せよ．

―― 以下では ZFC を認める ――

問 13.3 ハメル基底の濃度は，$\mathbb{Q}$ の濃度より大きいことを証明せよ．

問 13.4 S を $\mathbb{R}$ の空でない部分集合とする．このとき，$\mathbb{R}$ の整列順序関係 $\preceq$ のうち，すべての実数 x_1, x_2 で

$$\text{「}x_1 \in S \text{ かつ } x_2 \notin S\text{」ならば } x_1 \preceq x_2$$

を満たすものが存在することを証明せよ．

問 13.5 B_1 を線形独立な集合とする．このとき，巧く整列順序関係 $\preceq$ を選ぶことで，

$$B = \{x \in \mathbb{R};\ x \in B_1 \text{ または「} x \neq 0 \text{ かつ } x \notin \mathrm{Span}\langle x \rangle \text{」}\}$$

がハメル基底となることを証明せよ（これにより，B_1 を包括するハメル基底を構成できることがわかる）．

問 13.6 ハメル基底 B で，1 が属しているものを選ぶ．このとき，実数 x に対して或る有理数 q と無理数 $r \in \mathrm{Span}(B \setminus \{1\})$ が一意に存在し，$x = q + r$ と書ける．$f(x) = q$ と与えたとき，このグラフが $\mathbb{R}^2$ に稠密となることを証明せよ（もちろん命題 13.6 は使わないで！）．

問 13.7 命題 13.6 から，非線形なハメル関数 $f(x)$ が，どの点 x でも不連続であることを証明せよ．

第 III 部

補足

14章

解析学「超」斜め読み

本章では，第Ⅰ・Ⅱ部（以下本編と呼ぶ）に関係する「解析学の基礎知識」を
レビューしよう．

▶ **注 14.1**　ここは飽くまで本編の補完です．決して本章を**教科書**として解析
学を勉強し始めてはいけません．なぜなら，「本編では登場しないが極めて重
要な事項」がスキップされていたり，「登場はするが証明を与えていない定理」
が殆どなのだから．本章に続いて参考文献を案内するので，それらを使ってく
ださい！

14.1　実数と数列の収束

実数を構成するためには，有理数を知っていなければならない．その有理数
を知るためには整数を定める必要がある．その整数は，自然数に基づいて決ま
るので，自然数を規定しなければならないが，ここで終わりではない．自然数
は「空集合」の或る構成法で定まる，といえるが，そもそも本当に構成できる
のか？　それを理解するためには13章にて現れた「公理」を勉強しなければな
らない…などと言い始めると際限が無く収拾がつかないので，我々はいま「実
数」なるものは，以下のとおりに知っているものとしよう：

定義 14.1. 実数全体の集合 $\mathbb{R}$ は「和」と呼ばれる演算 $+$ をもち，次の4つを
満たす：

- （和の可換則）$a+b=b+a$.
- （和の結合則）$a+(b+c)=(a+b)+c$.

- （0 の存在）$\mathbb{R}$ の要素 0 は任意の a に対して $a + 0 = a$ を満たす.
- （和の逆元の存在）任意の実数 a に対して或る実数 $-a$ が存在して $a + (-a) = 0$ を満たす.

また，$\mathbb{R}$ は「積」と呼ばれる演算 $\times$ をもち，次の 6 つを満たす：

- （積の可換則）$ab = ba$. （$a \times b$ は ab とも書く.）
- （積の結合則）$a(bc) = (ab)c$.
- （1 の存在）$\mathbb{R}$ の要素 1 は任意の実数 a に対して $a1 = a$ を満たす.
- $0 \neq 1$.
- （積の逆元の存在）任意の 0 でない実数 a に対して或る実数 a^{-1} が存在して $aa^{-1} = 1$ を満たす.
- （分配則）$a(b + c) = ab + ac$.

さらに，（13 章にて言及したとおり）$\mathbb{R}$ は全順序関係 $\leq$ をもつ. すなわち，

- （全順序性）任意の実数 a, b は，$a \leq b$ または $b \leq a$.
- （反射性）$a \leq a$.
- （反対称律）$a \leq b$ かつ $b \leq a$ ならば $a = b$.
- （推移律）$a \leq b$ かつ $b \leq c$ ならば $a \leq c$.

を満たす. 加えて

- $a \leq b$ ならば $a + c \leq b + c$.
- $a, b \geq 0$ ならば $ab \geq 0$.

も満たす.

— いったん中断 —

ここまでならば，有理数全体の集合 $\mathbb{Q}$ でも同じである. 実は，次の設定で $\mathbb{R}$ のアイデンティティが確立する：

— 再開 —

- **（連続の公理）** $\mathbb{R}$ の部分集合 A は空でないとする. また或る実数 u が存

在して，A に属するすべての数よりも**小さくない**とする（A は上に有界
であるという）．このような u（A の上界という）の全体の集合は最小値
（上限といい $\sup A$ と書く）をもつ．

▶ **注 14.2**　連続の公理は以下のように置き換えてもよい：

$\mathbb{R}$ の部分集合 B は空でないとする．また或る実数 ℓ が存在して，B に属
するすべての数よりも**大きくない**とする（B は下に有界であるという）．
このような ℓ（B の下界という）の全体の集合は最大値（下限といい $\inf B$
と書く）をもつ．

長い定義が終わった．やはり最後の設定が気になるところだろう．確かにわ
かりにくい．実はこれは，

上に有界な単調増加列は収束する

という，わかりやすそうな定理と同値である．つまり，「連続の公理」として，
これを採用してもよい…のだが，よく考えると未だ「数列の収束」の定義をし
ていなかった！

定義 14.2. 実数列 $\{a_n\}_{n=1}^{\infty}$ が，$n \to \infty$ のとき極限値 α に収束するとは，

任意の正数 ε に対し，或る自然数 $N(\varepsilon)$ が存在し，「$N(\varepsilon)$ 以上のすべての
自然数 n について $|a_n - \alpha| < \varepsilon$」を満たす

が成り立つときをいう．

この定義はいかにも回りくどくイメージしにくい．しかし，曖昧さ（∞ など）
を排除したものの中では最も適切とされている定義なのだ．
実数列 $\{a_n\}_{n=1}^{\infty}$ が上に有界であるとは，或る数 u が存在してすべての n で
$a_n \le u$ となることである．これは集合 $\{a_n ; n = 1, 2, 3, \ldots\}$ が上に有界であ
ることに他ならない．これでようやく先走って述べた定理を正式に紹介できる
こととなった．

定理 14.3. 上に有界な単調増加列は収束する．

証明. $\{a_n\}_{n=1}^\infty$ が上に有界とする. 集合 $A = \{a_n\,; n = 1, 2, 3, \ldots\}$ は上に有界であるので, 連続の公理から上限 $\alpha = \sup A$ が存在する.

正数 ε を任意に選ぶ. このとき $\alpha - \varepsilon$ は上界でない. したがって, 或る自然数 $N(\varepsilon)$ が存在し $a_{N(\varepsilon)} > \alpha - \varepsilon$ を満たす. $\{a_n\}_{n=1}^\infty$ は単調増加だから $a_n > \alpha - \varepsilon$ $(n \geq N(\varepsilon))$.

一方, α は上界であるから任意の n で $a_n \leq \alpha$. 以上をまとめると, $|a_n - \alpha| < \varepsilon$ $(n \geq N(\varepsilon))$ となり $\lim_{n \to \infty} a_n = \alpha$ がいえた. Q.E.D.

▶ **注 14.3** 前述のとおり, 連続の公理の代わりとして定理 14.3 を採用してもよい. その場合,「元祖・連続の公理」はワイエルシュトラスの定理と呼ばれる.

例 14.1. $\lim_{n \to \infty} \frac{1}{n} = 0$ を示すことは簡単に見えてなかなか難しい. ここで連続の公理を用いて証明してみる.

$\varepsilon > 0$ を固定し, 集合 $A = \{n\varepsilon\,; n = 1, 2, 3, \ldots\}$ を考える. もしこれが上に有界であるとすると, 上限 α が存在する.

$\alpha - \varepsilon$ は上界でないので $\alpha - \varepsilon < N\varepsilon$ たる自然数 N が存在する. したがって特に $\alpha < (N+1)\varepsilon$ となるが, これは α が上界であることに矛盾する. ゆえに A は上に有界でないので, 任意の正数 R に対して, $N(\varepsilon, R)\varepsilon > R$ たる自然数 $N(\varepsilon, R)$ が存在する. いま $N(\varepsilon) = N(\varepsilon, 1)$ とすると,

$$n \geq N(\varepsilon) \quad \text{ならば} \quad \left|\frac{1}{n} - 0\right| < \varepsilon$$

を得る. すなわち, $\lim_{n \to \infty} \frac{1}{n} = 0$ である.

上の話で現れた

任意の正数 R に対して, $N(\varepsilon, R)\varepsilon > R$ たる自然数 $N(\varepsilon, R)$ が存在する

という性質を, **アルキメデス性**という. これは「塵も積もれば山となる」を具現化している. こんな当たり前そうなことでもしっかり吟味しなければならない. しかし, 一度明確に命題として得られれば, 爆発的に興味深いことが得られるのだ.

次は，(あのわかりにくい) 収束の定義とアルキメデス性がもたらす一つの恩恵である：

命題 14.4 (チェザロ和). 数列 $\{a_n\}_{n=1}^{\infty}$ が極限値 $\lim_{n \to \infty} a_n = \alpha$ をもつとき，

$$\lim_{n \to \infty} \frac{a_1 + a_2 + \cdots + a_n}{n} = \alpha.$$

証明. 任意の正数 ε を固定する．或る自然数 N_1 が存在し，$|a_n - \alpha| < \varepsilon/2$ ($n \geq N_1$) を満たす．このとき，$n > N_1$ ならば

$$\left| \frac{a_1 + a_2 + \cdots + a_n}{n} - \alpha \right|$$

$$\leq \left| \frac{(a_1 - \alpha) + \cdots + (a_{N_1 - 1} - \alpha)}{n} \right| + \left| \frac{(a_{N_1} - \alpha) + \cdots + (a_n - \alpha)}{n} \right|$$

$$< \frac{M}{n} + \frac{n - N_1 + 1}{n} \times \frac{\varepsilon}{2} \quad \left(M = |(a_1 - \alpha) + \cdots + (a_{N_1 - 1} - \alpha)| \right)$$

$$\leq \frac{M}{n} + \frac{\varepsilon}{2}$$

を得る．$2M$ は固定された正数だから，アルキメデス性より，或る自然数 N_2 (N_1 より大きくしておく) によって

$$n\varepsilon > 2M \quad (n \geq N_2)$$

と書ける．以上から

$$\left| \frac{a_1 + a_2 + \cdots + a_n}{n} - \alpha \right| < \varepsilon \quad (n \geq N_2)$$

となるので，証明が完了した． Q.E.D.

連続の公理を認めると，「実数について成り立って欲しい性質」は悉く得られると思ってよいだろう．その中でも，最も重要な性質といえるのが**完備性**である．数列 $\{a_n\}_{n=1}^{\infty}$ がコーシー列であるとは，$\lim_{n, m \to \infty} |a_n - a_m| = 0$，より正確には，

任意の正数 ε に対し，或る自然数 $N(\varepsilon)$ が存在し，「$N(\varepsilon)$ 以上のすべての自然数 n, m について $|a_n - a_m| < \varepsilon$」を満たす

が成り立つときをいう．このとき，連続の公理を使用することで，

定理 14.5（完備性）．任意のコーシー列は収束する．

が得られるのだ．

> ▶ **注 14.4**　逆に収束列がコーシー列であることを示す際は，連続の公理は不要
> である．

　本来数列の収束性を示すには，"極限値らしき数 α" を見定めて，何とかして $a_n \to \alpha$ を導く必要があった．しかし完備性を使えば，α を探さなくとも a_n たちが "動かなくなっていくこと" をいえば十分である．

　例えば微分方程式は，種々の現象を記述する大変重要な数学モデルであるものの，具体的な解を記述できる機会は多くない．そこで，一定の規則を有した解は存在するのか，を知ることが最重要な課題となる．その際，様々な関数空間の完備性が決定的な役割を演ずる．

　本編では，完備性を露骨に使った部分は殆どないのだが，一か所だけコメントしておくべきところがある．それは 1 章の前半部分である．高木関数の定義は，ざっくり書くと

$$T(x) = \sum_{n=1}^{\infty} \frac{細々}{2^n}, \quad |細々| \le 1$$

となる．三角不等式から $\left| \sum_{n=1}^{\infty} \frac{細々}{2^n} \right| \le \sum_{n=1}^{\infty} \frac{1}{2^n}$ となるが，右辺は有限値 1 である．実はこのとき，左辺は自動的に何らかの有限値をもつことがわかるのだ．一般的には次が得られる：

定理 14.6. 数列 $\{a_n\}_{n=1}^{\infty}$ と非負実数の列 $\{b_n\}_{n=1}^{\infty}$ は，

$$|a_n| \le b_n \quad n = 1, 2, 3, \ldots$$

かつ

$$\sum_{n=1}^{\infty} b_n < \infty \quad \left(つまり \lim_{N \to \infty} \sum_{n=1}^{N} b_n は或る有限値へ収束する \right)$$

を満たすものとする. このとき, $\sum_{n=1}^{\infty} a_n < \infty$ が成り立つ.

証明. 第 n 部分和 $A_n = \sum_{k=1}^{n} a_n$ と $B_n = \sum_{k=1}^{n} b_n$ による列 $\{A_n\}_{n=1}^{\infty}$ と $\{B_n\}_{n=1}^{\infty}$ を考える. このとき, 自然数 n, m について

$$|A_n - A_m| \leq |B_n - B_m|$$

を得る. $\{B_n\}_{n=1}^{\infty}$ は収束列だから, 特にコーシー列となるため, $\lim_{n,m\to\infty} |B_n - B_m| = 0$ となる. これから $\lim_{n,m\to\infty} |A_n - A_m| = 0$ が成り立つので $\{A_n\}_{n=1}^{\infty}$ はコーシー列である. したがって完備性から, $\sum_{n=1}^{\infty} a_n < \infty$ を得る. Q.E.D.

14.2 連続関数

関数の極限 $\lim_{x\to a} f(x)$ の定義は, 前節における「数列の収束」のそれに近いが, 若干の注意を伴う.

定義 14.7. a を実数とする. 区間 I で定義された関数 $y = f(x)$ が, $x \to a$ のとき極限値 α に収束するとは,

任意の正数 ε に対し, 或る正数 $\delta(\varepsilon)$ が存在し, 「I の点 x が $0 < |x-a| < \delta(\varepsilon)$ を満たすならば, $|f(x) - \alpha| < \varepsilon$」を満たす

が成り立つときをいう.

これを **ε-δ 論法**による極限の定義という. 平易に言い表すと,

x を a に**一致しないように**限りなく近づけるとき, $f(x)$ は α に限りなく近づく

となる.「若干の注意」とは, a は I の点でなくてもよいことと, 上記の太字部分である. 例えば $\lim_{x\to 0} \exp\left(-\frac{1}{x^2}\right)$ は, x を 0 に**一致しないように**近づけるからこそ意味をもち, 極限値 0 が得られるのだ.

ε-δ 論法による定義の代わりに, 数列を使って収束の真偽を問う方法もある.

定理 14.8. a, I と $f(x)$ は, 定義 14.7 と同じ設定とする. このとき以下の 2 つ

は同値である：

(1) $f(x)$ は $x \to a$ とき実数 α に収束する.

(2) もし I の数列 $\{x_n\}_{n=1}^{\infty}$ が

$$x_n \neq a \ (n = 1, 2, 3, \ldots) \quad \text{かつ} \quad \lim_{n \to \infty} x_n = a \tag{14.1}$$

を満たすならば, $\lim_{n \to \infty} f(x_n) = \alpha$.

▶ **注 14.5** (2) では, (14.1) を満たす**任意の**数列 $\{x_n\}_{n=1}^{\infty}$ が, $\lim_{n \to \infty} f(x_n) = \alpha$. を満たしている必要がある.

　ところで, どのような実数 α を選んでも「$f(x)$ は $x \to a$ のとき α に収束する」が成立しないとき, $f(x)$ は $x \to a$ のとき発散するという. 例えば, 定理 14.8 から次を得る.

系 14.9. a, I と $f(x)$ は, 定義 14.7 と同じ設定とする.

(1) 或る数列 $\{a_n\}_{n=1}^{\infty}$ と $\{b_n\}_{n=1}^{\infty}$ は,

　(1-1) すべての n で $a_n \neq a$ かつ $b_n \neq a$.

　(1-2) $\lim_{n \to \infty} a_n = \lim_{n \to \infty} b_n = a$.

　(1-3) 或る正数 c によって

$$|f(a_n) - f(b_n)| \geq c \quad (n = 1, 2, 3, \ldots)$$

　　となる.

　を満たすものと仮定する. このとき, $f(x)$ は $x \to a$ のとき発散する.

(2) 或る数列 $\{a_n\}_{n=1}^{\infty}$ は,

　(2-1) すべての n で $a_n \neq a$.

　(2-2) $\lim_{n \to \infty} a_n = a$.

　(2-3) $\lim_{n \to \infty} f(a_n) = +\infty$, すなわち, 任意の正数 R に対して, 或る自然数 N が存在し

$$f(a_n) > R \quad (n \geq N)$$

となる.

を満たすものと仮定する. このとき, $f(x)$ は $x \to a$ のとき発散する.

連続関数の定義は,

I のすべての点 a に対して, $\lim_{x \to a} f(x) = f(a)$ が成り立つときをいう.

これと同値な, ε-δ 論法による定義も与えておこう.

定義 14.10. I と $f(x)$ は, 定義 14.7 と同じ設定とする.

(1) $x_0 \in I$ とおく. すべての正数 ε に対して, 或る正数 $\delta(\varepsilon)$ が「I の点 x が $|x - x_0| < \delta(\varepsilon)$ を満たすとき, $|f(x) - f(x_0)| < \varepsilon$」となるように存在するとき, $f(x)$ は $x = x_0$ で**連続である**という.

(2) $f(x)$ が I のすべての点で連続であるとき, $f(x)$ は I で連続であるという.

ここで一つ, ε-δ 論法の練習をしてみよう.

例 14.2. $y = f(x)$ は閉区間 $[a,b]$ $(a < b)$ 上で単調増加し, 値域は $[f(a), f(b)]$ とする. このとき, $f(x)$ は $[a,b]$ で連続である.

ここでは $a < c < b$ として, f が $x = c$ で連続であることを証明しよう ($x = a$ や $x = b$ のときも同様に示される). (空でない) 集合 $A = \{f(x) \,; a \leq x < c\}$ は, 上界 $f(c)$ をもつので上に有界であり, 連続の公理から $\alpha = \sup A$ が存在する. $(\alpha + f(c))/2 \in [f(a), f(b)]$ より, $f(x_1) = (\alpha + f(c))/2$ を満たすような $x_1 \in [a,b]$ が存在する. もし $\alpha < f(c)$ ならば, $f(x_1) < f(c)$ から $x_1 < c$ となり, $f(x_1) \in A$ である. しかしその場合 $f(x_1) \leq \alpha$ が得られ, $(\alpha + f(c))/2 \leq \alpha$ に至り矛盾する. ゆえに, $\alpha = f(c)$ であり, 上限の性質から

任意の $\varepsilon > 0$ に対して, 或る十分小さい正数 δ_1 が存在し, $f(c - \delta_1) > f(c) - \varepsilon$ を満たす

全く同様にして,

任意の $\varepsilon > 0$ に対して,或る十分小さい正数 δ_2 が存在し,$f(c+\delta_2) < f(c)+\varepsilon$ を満たす

ことが得られる.δ を δ_1 と δ_2 の小さい方とすると,f の単調増加性から,$|x - c| < \delta$ ならば $|f(x) - f(c)| < \varepsilon$ であることがわかるので,f は $x = c$ で連続となる.

> ▶ **注 14.6**　上の証明からわかることは,(連続とは限らない)単調関数は,常に左極限と右極限をもつ,ということだ(3 章参照).ただし左極限とは,定義 14.7 の鍵カッコ内を
>
> I の点 x が $0 < a - x < \delta(\varepsilon)$ を満たすならば $|f(x) - \alpha| < \varepsilon$ を満たす
>
> に置き換えたものである.

連続関数が満たす様々な性質のうち,次の 3 つは特に重要といえる:

定理 14.11(最大値の定理).有界閉区間($a \leq b$ たる或る実数 a, b によって $[a,b]$ と書かれるもの)I 上の連続関数 $f(x)$ は最大値をもつ.

定理 14.12(中間値の定理).$f(x)$ を有界閉区間 $[a,b]$ 上の連続関数とする.$f(a)$ と $f(b)$ の間にある任意の実数 γ に対して,或る実数 $c \in (a,b)$ が存在して $f(c) = \gamma$ を満たす.

定理 14.13. $\mathbb{R}$ の部分集合 D 上の連続関数列 $\{f_n(x)\}_{n=1}^{\infty}$ が,関数 $f(x)$ に一様収束する,すなわち

$$\lim_{n \to \infty} \sup\Big\{ |f_n(x) - f(x)| \, ; \, x \in D \Big\} = 0$$

を満たすとき,$f(x)$ は再び D で連続である.

証明は,もちろん解析学の初等的なテキストを開けば書いてあるが,折角なので概要を述べておこう:

証明.(最大値の定理)もし $S = \{f(x) \, ; \, x \in I\}$ が上に有界でないとすると,I の或る数列 $\{x_n\}_{n=1}^{\infty}$ によって $\lim_{n \to \infty} f(x_n) = \infty$ となる.一方,一般に有界

閉集合上の数列は収束する部分列をもつ（ボルツァーノ・ワイエルシュトラスの定理という）．すなわち，いま $\{x_n\}_{n=1}^{\infty}$ の或る部分列 $\{x_{n(k)}\}_{k=1}^{\infty}$ は I の或る点 x_0 に収束する．ここで f の連続性を用いると，$f(x_0)$ は任意の実数より大きくなってしまうので矛盾する．したがって S は上に有界であり，上限 $M = \sup S$ が存在する．

上限の性質と，ボルツァーノ・ワイエルシュトラスの定理を併用することで，M が最大値となることがわかる．

（中間値の定理）$a = 0$, $b = 1$, $f(0) < 0 < f(1)$ そして $\gamma = 0$ の場合を考えれば十分である．まず，$A = \{x \in [0,1]\,;\, f(x) < 0\}$ を与えると，$f(0) \in A$ から A は空でなく，1 は A の上界であるから A は上に有界である．ここで，$c = \sup A$ とおくと $0 \le c \le 1$ を得る．

$f(c) < 0$ とする．このとき，$c < 1$ である．また或る正数 ε によって $f(c) + \varepsilon < 0$ と書ける．f は $x = c$ で連続だから，或る十分小さい正数 δ によって $0 \le c + \delta \le 1$ かつ $|f(c+\delta) - f(c)| < \varepsilon$ となる．特に $f(c+\delta) < f(c) + \varepsilon < 0$ となるが，これは $c + \delta \in A$ を意味し，$c = \sup A$ であることに矛盾する．

$f(c) > 0$ としたときも，同様の理由から矛盾する．したがって，$f(c) = 0$ と $0 < c < 1$ を得る．

（定理 14.13）ε-δ 論法で示そう．正数 ε を任意に選び固定する．仮定から或る自然数 N が存在し，

$$|f_N(x) - f(x)| < \frac{\varepsilon}{3} \quad (x \in D)$$

となる．ここで $x_0 \in D$ を固定する．f_N は連続関数だから，或る正数 δ によって

$$x \in D \text{ が } |x - x_0| < \delta \text{ を満たすとき，} |f_N(x) - f_N(x_0)| < \frac{\varepsilon}{3}$$

が成り立つ．以上から，$x \in D$ が $|x - x_0| < \delta$ を満たすとき，

$$|f(x) - f(x_0)| \le |f(x) - f_N(x)| + |f_N(x) - f_N(x_0)| + |f_N(x_0) - f(x_0)|$$
$$\le \frac{\varepsilon}{3} + \frac{\varepsilon}{3} + \frac{\varepsilon}{3} = \varepsilon$$

が成り立つ．ゆえに f は連続である． Q.E.D.

14.3 複素関数

14.3.1 正則性

複素数全体の集合を $\mathbb{C}$ と書く．つまり $\{x+iy ; x,y \in \mathbb{R}\}$ である．複素数 $z = x+iy$ $(x, y$ は実数) の共役 $\bar{z}$ と絶対値 $|z|$ は，それぞれ $x-iy$ と $\sqrt{x^2+y^2}$ で与えられることを思い出そう．$\mathbb{C}$ の部分集合 D で定義された複素数値関数 $w = f(z)$ を複素関数と呼ぶ．都合上，定義域 D は連結開集合と呼ばれる以下の性質を満たしているものとしよう：

- （開集合であること）D の任意の点 z_0 に対して，或る正数 ε が存在し，

$$\{z \in \mathbb{C} ; |z-z_0| < \varepsilon\} \subset D$$

  を満たす（左辺を中心 z_0, 半径 ε の開円板といい，$B(z_0 ; \varepsilon)$ と書く）．

- （弧状連結性）D の任意の 2 点 z_0, z_1 に対して，D 内を走る「有向 C^1 級曲線」で z_0, z_1 を端点とするものがある．すなわち，閉区間 $[a,b]$ 上の或る C^1 級関数 g, h によって $g(a)+ih(a) = z_0$, $g(b)+ih(b) = z_1$, $g(t)+ih(t) \in D$ $(a \le t \le b)$ が成り立つ．

複素関数を考えるうえで最も重要なことは，その関数が微分できるか否かである．ただし，その「微分」の意味には注意がいる．

定義 14.14. $w = f(z)$ を D 上の複素関数とする．

(1) $f(z)$ が D の点 $z = z_0$ で（複素）微分可能であるとは，或る複素数 α によって，$\lim_{z \to z_0} \frac{f(z)-f(z_0)}{z-z_0} = \alpha$, すなわち，

  任意の $\varepsilon > 0$ に対して，或る正数 δ が存在し，もし $z \in D$ が $0 < |z-z_0| < \delta$ であれば $\left| \dfrac{f(z)-f(z_0)}{z-z_0} - \alpha \right| < \varepsilon$ となる

  ときをいう．この α を微分係数と呼び，$f'(z_0)$ と書く．

(2) D のすべての点 z で $f(z)$ が複素微分可能であるとき，f を**正則関数**と呼ぶ．

▶ **注 14.7** 極限 $\lim_{z \to z_0} \frac{f(z)-f(z_0)}{z-z_0} = \alpha$, における "$z \to z_0$" に注意しよう. z が z_0 に近づくルートは無数にあるわけだが, どんなルートをたどったとしても, 同じ α に収束しなければならない. 例えば, $g(z) = \bar{z}$ に対して, $z = z_0 + t\beta$ (β は固定された 0 でない複素数, t は 0 でない実数のパラメータ) というルートを用いると

$$\frac{g(z)-g(z_0)}{z-z_0} = \frac{\bar{\beta}}{\beta}$$

となるが, β の偏角が変化するたびに右辺は変動する. ゆえに $g(z)$ は, どの z_0 でも複素微分可能でない.

$f(z)$ に n 回複素微分を施したものを $f^{(n)}(z)$ と書くことにする. 注目すべきは, 実数値関数のときと異なり, 微分可能な複素関数は自動的に**無限回微分可**能となることだ. 具体的には次のとおりとなる:

定理 14.15. $w = f(z)$ は D で正則な関数とする. このとき, f は D の各点で無限回複素微分可能である. さらに, D の各点 z_0 に対して或る正数 ε が存在し, 次を満たす:

開円板 $B(z_0; \varepsilon)$ のすべての点 z について

$$f(z) = \sum_{n=0}^{\infty} \frac{f^{(n)}(z_0)}{n!}(z-z_0)^n \tag{14.2}$$

が成り立つ ($f(z)$ は解析的である, という).

なんと, 5 章にて解説した「テイラー展開可能性」が保証されるのだ. テイラー級数の性質から, 解析的な関数は正則となることもわかる. つまり, 複素関数の世界では

$$D \text{ で微分可能} \iff D \text{ で解析的}$$

という, 実関数の世界とはあまりに異なる事実が得られるのだ. その辺りの解説を試みたいところだが, 本編とはあまり関係が無い部分なので先に進もう.

5 章で触れた C^ω の関数 $g(x)$ は $x = x_0$ のまわりで

$$g(x) = \sum_{n=0}^{\infty} a_n (x - x_0)^n$$

とテイラー展開できた. そこで, 複素数 z_0, z による

$$g(z) = \sum_{n=0}^{\infty} a_n (z - z_0)^n$$

を与えよう. 右辺の級数が実際に存在するとき, 実数値関数 g は正則な複素関数に拡張される.

例 14.3. 指数関数 e^x, 正弦関数 $\sin x$, 余弦関数 $\cos x$ は, それぞれ任意の実数 x で

$$e^x = \sum_{n=0}^{\infty} \frac{x^n}{n!}, \quad \sin x = \sum_{n=0}^{\infty} \frac{(-1)^n}{(2n+1)!} x^{2n+1}, \quad \cos x = \sum_{n=0}^{\infty} \frac{(-1)^n}{(2n)!} x^{2n}$$

と展開される. これを複素関数へ拡張した

$$e^z = \sum_{n=0}^{\infty} \frac{z^n}{n!}, \quad \sin z = \sum_{n=0}^{\infty} \frac{(-1)^n}{(2n+1)!} z^{2n+1}, \quad \cos z = \sum_{n=0}^{\infty} \frac{(-1)^n}{(2n)!} z^{2n}$$

は全空間 $\mathbb{C}$ で実際に定義でき, 正則である. さらに指数関数については, 指数法則 $e^{z_1+z_2} = e^{z_1} e^{z_2}$ $(z_1, z_2 \in \mathbb{C})$ が成り立つ. また, 実数 x について

$$e^{ix} = \sum_{n=0}^{\infty} \frac{(ix)^n}{n!} = \sum_{n=0}^{\infty} \frac{(-1)^n}{(2n)!} x^{2n} + i \sum_{n=0}^{\infty} \frac{(-1)^n}{(2n+1)!} x^{2n+1}$$

が得られるので, 本編で活躍しているオイラーの公式

$$e^{ix} = \cos x + i \sin x$$

が成立することもわかる.

ところで, この拡張は正統なのだろうか. つまり g の拡張のうち, 上よりもっと良いものがあったりしないのだろうか?

定理 14.16 (一致の定理). D で定義されている 2 つの正則関数 f_1, f_2 について, もし「$f_1(z) = f_2(z)$ を満たすような z 全体の集合」が集積点をもつとき,

D 全体で $f_1 = f_2$ となる.

ただし,$\mathbb{C}$ の部分集合 A に属する点 α が A の集積点であるとは,任意の $\varepsilon > 0$ に対して,$0 < |z - \alpha| < \varepsilon$ を満たす A の点 z が存在するときをいう.すなわち,α に一致しないで限りなく近づく A の数列が存在している状況だ.

さて,元祖・指数関数 e^x を拡張した関数は,当然 $\mathbb{R}$ で e^x と一致していなければならない.一方,上で定めた正則関数 e^z も $\mathbb{R}$ で e^x と同一である.したがって,**正則関数に拡張する**という目的の下では e^z が唯一の拡張だということがわかる.同様に,$\sin z$ と $\cos z$ もただ一つの正則な拡張である.

本編にて登場した関数のうち,次のものは正則な複素関数に拡張される:

- (5 章)ジュヴレイ空間 G^σ $(0 \le \sigma \le 1)$ に属する関数.
- (7 章)正弦関数の n 重合成 $y = \sin^{\boxed{n}}(x)$.
- (8 章)$y = \sin x + \sin \sqrt{2} x$.
- (9 章)ランベルトの W 関数.
- (10 章)ガンマ関数 $y = \Gamma(x)$.
- (12 章)ゲルファント・シロフ空間 $\mathcal{S}_w^s$ $(0 \le s \le 1)$ に属する関数.

14.3.2 複素積分

次に,複素関数の積分を考える.とはいっても D 上で考えるのではなく,曲線上で与えられる線積分を見ていく.今後,($\mathbb{C}$ 上の)曲線 C といえば,

> 有限個の「$\mathbb{C}$ 内を走る有向 C^1 級曲線」$C_1, C_2, \ldots, C_n$ を繋ぎ合わせたもの(具体的には,$n \ge 2$ かつ $m = 1, 2, \ldots, n-1$ のときは,C_m の終点と C_{m+1} の始点を一致させたもの.これを $C = C_1 + C_2 + \cdots + C_n$ と書く)

としよう.D 上で定められた連続複素関数 $f(z)$ の,D 内を走る曲線 C における複素線積分(または複素積分)$\int_C f(z)dz$ を以下のとおりに定める:

- (C が有向 C^1 級曲線であるとき)C は,閉区間 $[a, b]$ 上の或る C^1 級関数 g, h による $g(t) + ih(t)$ で表される.それを踏まえ

$$\int_C f(z)dz = \int_a^b f\big(g(t) + ih(t)\big)\frac{d}{dt}\big(g(t) + ih(t)\big)dt$$

と与える（g, h の与え方に依らず積分値は一定である）.

- （C が，有限個の「$\mathbb{C}$ 内を走る有向 C^1 級曲線」$C_1, C_2, \ldots, C_n$ を繋ぎ合わせたものであるとき）

$$\int_C f(z)dz = \sum_{k=1}^n \int_{C_k} f(z)dz$$

と与える.

- C の，始点と終点が一致し，それ以外で交点をもたないとき（ジョルダン閉曲線という）$\int_C f(z)dz$ を特に $\oint_C f(z)dz$ と書くことがある.

例 14.4. 複素数 z_0 を固定する．中心 z_0，半径 $R > 0$ の円周を反時計回りに 1 回転するジョルダン閉曲線を C とおく．このとき C は，$z_0 + Re^{i\theta}$ $(0 \le \theta \le 2\pi)$ で与えられる.

(1) $f(z) = \dfrac{1}{z - z_0}$ は $D = \mathbb{C} \setminus \{z_0\}$ で定義されているので,

$$\oint_C \frac{1}{z - z_0}dz = \int_0^{2\pi} \frac{1}{Re^{i\theta}}\frac{d}{d\theta}(z_0 + Re^{i\theta})d\theta = \int_0^{2\pi} \frac{1}{Re^{i\theta}}(iRe^{i\theta})d\theta$$
$$= i\int_0^{2\pi} d\theta = 2\pi i$$

を得る.

(2) $f(z) = (z - z_0)^m$ （m は -1 **以外**の整数）は，少なくとも $D = \mathbb{C} \setminus \{z_0\}$ で定義されているので,

$$\oint_C (z - z_0)^m dz = i\int_0^{2\pi} R^{m+1}e^{i(m+1)\theta}d\theta = 0$$

を得る.

(3) $f(z) = \bar{z}$ は $D = \mathbb{C}$ で定義されているので,

$$\oint_C \bar{z}dz = \int_0^{2\pi} (\bar{z_0} + Re^{-i\theta})(iRe^{i\theta})d\theta = i\int_0^{2\pi} R^2 d\theta = 2\pi R^2 i$$

を得る.

さて，D で正則な関数 $f(z)$ によるテイラー展開 (14.2) の両辺に $(z-z_0)^{-m}$ ($m=0,1,2,\dots$) を掛けた

$$\frac{f(z)}{(z-z_0)^m} = \sum_{n=0}^\infty \frac{f^{(n)}(z_0)}{n!}(z-z_0)^{n-m}$$

を考えよう．C を例 14.4 で用いたジョルダン閉曲線とし，D 内を走るものとする．ここで $\oint_C$ を，上の両辺に作用させると

$$\oint_C \frac{f(z)}{(z-z_0)^m}dz = \sum_{n=0}^\infty \frac{f^{(n)}(z_0)}{n!}\oint_C (z-z_0)^{n-m}dz$$

となる…気がする．ずいぶん自信のない表現になったのは，「C や z_0 の条件」や「$\oint_C$ と $\sum$ が可換であるか」の吟味をしていないからだ．申し訳ないが，その部分をスキップして話を進めたい．とにかく再び例 14.4 の (1) と (2) を適用すると，次のとおりとなる：

- $m=0$ のとき，$\oint_C f(z)dz = 0$.
- $m=1$ のとき，$\oint_C \dfrac{f(z)}{z-z_0}dz = 2\pi i \times f(z_0)$.
- $m \geq 2$ のとき，$\oint_C \dfrac{f(z)}{(z-z_0)^m}dz = \dfrac{2\pi i}{(m-1)!} \times f^{(m-1)}(z_0)$.

これらは積分路 C の特殊性からくるのだろうか？ 答えは否であり，少し条件を満たせばどのような経路でも成立する．

定理 14.17（コーシーの積分定理）．$f(z)$ を D 上の正則関数とする．C は D 内を走るジョルダン閉曲線とし，C が囲む領域自体も D に含まれているものとする．このとき $\oint_C f(z)dz = 0$ が成り立つ．

定理 14.18（コーシーの積分公式）．f, D, C を定理 14.17 と同じ設定とする．z_0 を C で囲まれた領域内の点とする．このとき

$$f(z_0) = \frac{1}{2\pi i}\oint_C \frac{f(z)}{z-z_0}dz$$

が成り立つ.

定理 14.19(グルサの定理).f, D, C, z_0 を定理 14.18 と同じ設定とする.$n = 1, 2, 3, \ldots$ とするとき,

$$f^{(n)}(z_0) = \frac{n!}{2\pi i} \oint_C \frac{f(z)}{(z - z_0)^{n+1}} dz$$

が成り立つ.

例 14.5. 本編で活用したのはグルサの定理である.$y = g(x)$ を 5 章で登場した関数としよう.すなわち,$x > 0$ で $g(x) = e^{-1/x^2}$,$x \leq 0$ で $g(x) = 0$ となるものだ.ここで $D = \mathbb{C} \setminus \{0\}$ 上で $G(z) = e^{-1/z^2}$ という複素関数を与えると,$G(z)$ は D で正則となり,実軸上の半直線 $[0, \infty)$ 上で $g(x)$ と一致する.

ここで,$x > 0$ と $r \in (0, x)$ を固定し,C を,$re^{i\theta} + x$ $(-\pi \leq \theta \leq \pi)$ によって与えられる曲線とする.この C は D 内を走り,C で囲まれた領域も D に含まれている.また x はその領域内の点である.したがって,グルサの定理が適用でき,任意の自然数 n で

$$G^{(n)}(x) = \frac{n!}{2\pi i} \oint_C \frac{G(z)}{(z - x)^{n+1}} dz = \frac{n!}{2\pi} \int_{-\pi}^{\pi} r^{-n} e^{-in\theta} G(re^{i\theta} + x) d\theta$$

が成り立つ.以上から,5 章で述べた公式

$$g^{(n)}(x) = \frac{n!}{2\pi} r^{-n} \int_{-\pi}^{\pi} e^{-in\theta} e^{-(re^{i\theta} + x)^2} d\theta$$

を得る.

14.4 ルベーグ積分

皆さんが高校や大学の教養課程で学んだ積分法は,**リーマン積分**と呼ばれている.一方,解析学の専門課程に進んだ人たちはルベーグ積分論を学び,場合によっては日々活用している.ルベーグ積分は,リーマン積分で成り立つ基本的な事柄を踏襲しつつ,その不満点を大いに解消した概念である.

14.4.1 可測集合

ルベーグ積分では,単関数という "棒グラフ" のようなものに関する積分から

始める．その際，様々な集合の面積を扱うことになる．ところで，「面積」とは何なのだろうか？ 円板や多角形など，単純な図形であれば万人が一致する定義を与えられるが，複雑な場合は解釈が割れるときもあり，思想的な領域に到達してしまう．とにかく，ここではルベーグ積分論における「$\mathbb{R}$ の部分集合の面積」（正確には測度という）を導入する．

(Step 1) まず $-\infty < a < b < \infty$ としたとき，有界半閉半開区間 $I = [a, b)$ に対して，長さ $|I| = b - a$ を定める．

(Step 2) $\mathbb{R}$ の部分集合 A に対して，A のルベーグ外測度 $\Gamma(A)$ を，

$$\Gamma(A)$$
$$= \inf\left\{\sum_{n=1}^{\infty} |I_n| \, ; \ 各 \ I_n \ は有界半閉半開区間であり，\ A \subset \bigcup_{n=1}^{\infty} I_n \ を満たす\right\}$$

によって定義する．連続の公理より，任意の A で $\Gamma(A)$ は存在する．ただし，$\inf\{+\infty\} = +\infty$ としている．$\Gamma(A)$ を大雑把にいうと，A に対してなるべく無駄なく I_n たちで敷き詰めたとき，$|I_n|$ の総和がどうなるか？を考えたものということになるだろう．

(Step 3) $\mathbb{R}$ の部分集合 A が，$\mathbb{R}$ の任意の部分集合 S に対して

$$\Gamma(S) = \Gamma(S \cap A) + \Gamma(S \setminus A) \quad （カラテオドリの条件）$$

を満たすとき，A を $\mathbb{R}$ の**ルベーグ可測集合**と呼ぶ．また $\Gamma(A)$ をルベーグ測度と呼び，$\mu(A)$ と書く．

▶ **注 14.8**

(1) 単純な図形，例えば空集合，開区間，閉区間はすべてルベーグ可測であり，それらの測度は既存の長さに一致する．

(2) $\Gamma(N) = 0$ たる集合 N を考える．これは

> 任意の正数 ε に対して，或る有界半閉半開区間の列 $\{I_n\}_{n=1}^{\infty}$ が存在し，$N \subset \bigcup_{n=1}^{\infty} I_n$ かつ $\sum_{n=1}^{\infty} |I_n| < \varepsilon$ を満たす

と同値になる．この N は必ずルベーグ可測となり，零集合と呼ばれている．可算集合（3章参照）は零集合の一例である．したがって特に，有理

数全体の集合 $\mathbb{Q}$ は零集合である．もう少し難しい例だと，2 章で登場した
カントール集合 C も同様である．

(3) E を $\mathbb{R}$ のルベーグ可測集合とし，$P(x)$ を，変数 $x \in E$ に依存する論理
式とする．或る零集合 N が存在し，任意の $x \in \mathbb{R} \setminus N$ で $P(x)$ が成立す
るとき，

- 殆ど至る所 (almost everywhere) で $P(x)$ が成り立つ．
- $P(x)$ a.e. が成り立つ．
- a.a. $x \in E$ で $P(x)$ が成り立つ（a.a. は almost all の略）．

等と呼ぶ．つまり，$P(x)$ が成り立たないような x は無視できるほど少な
い，といえよう．

(4) もし A が有界，すなわち，或る大きな有界閉区間 I によって $A \subset I$ と書
かれる場合，A のルベーグ内測度 $\gamma(A)$ が $\gamma(A) = |I| - \Gamma(I \setminus A)$ によっ
て与えられる．このとき，A がルベーグ可測であることと，$\Gamma(A) = \gamma(A)$
となることは同値である．つまり A が有界であれば，カラテオドリの条
件とは，外測度と内測度が一致することに他ならない．

(5) 選択公理（13 章参照）を認めた場合，$\mathbb{R}$ の部分集合でルベーグ可測でな
いものが存在する．一方，決定性公理を認めた場合，すべての部分集合は
ルベーグ可測となる．これは，

ルベーグ可測でない集合は，存在したとしても，視覚化不可能な非常
に "病理学的な" 集合である

ことを示唆している．

(6) $\mathbb{R}^2$ の部分集合を考える際には，上の Step たちにおいて，有界半閉半開区
間の代わりに，積集合

$$[a_1, b_1) \times [a_2, b_2)$$
$$= \big\{ (x_1, x_2) \in \mathbb{R}^2 \,;\, a_1 \leq x_1 < b_1 \ \text{かつ} \ a_2 \leq x_2 < b_2 \big\}$$

を用いていく．一般のユークリッド空間 $\mathbb{R}^d$ においても同様である．

以下，$\mathcal{M}$ を，$\mathbb{R}$ のルベーグ可測集合全体の集合とする．$\mathcal{M}$ には，σ–代数と
呼ばれる以下の性質が成り立つ：

(σ-1) 空集合は $\mathcal{M}$ に属する (つまり $\emptyset \in \mathcal{M}$).

(σ-2) $A \in \mathcal{M}$ ならば A^c ($\mathbb{R} \setminus A$ のことであり, 補集合という) も $\mathcal{M}$ に属する.

(σ-3) $A_n \in \mathcal{M}$ ($n = 1, 2, \ldots$) であるとき,

$$\bigcup_{n=1}^{\infty} A_n (= A_1 \cup A_2 \cup \cdots) \in \mathcal{M}.$$

14.4.2 可測関数

$E \in \mathcal{M}$ で定義された実数値関数 $f(x)$ が (ルベーグ) 可測関数であるとは,

$$\text{任意の実数 } \alpha \text{ に対して } \{x \in E \,;\, f(x) > \alpha\} \in \mathcal{M} \tag{14.3}$$

を満たすときをいう…のだが, これだとイメージが湧かないと思うので同値な条件を紹介する.

まず単関数を導入しておこう. E 上の実数値関数 $s(x)$ が, 単関数であるとは, 或る有限個の実数 $\alpha_1, \ldots, \alpha_n$ と同数の $A_1, \ldots, A_n \in \mathcal{M}$ が

- $1 \leq j \neq k \leq n$ ならば A_j と A_k に共有点はない (つまり $A_j \cap A_k = \emptyset$).
- $s(x) = \displaystyle\sum_{j=1}^{n} \alpha_j \chi_{A_j}(x)$.

を満たすように存在するときをいう. ただし, $\chi_{A_j}(x)$ は指示関数

$$\chi_{A_j}(x) = \begin{cases} 1 & (x \in A_j), \\ 0 & (x \notin A_j) \end{cases}$$

である. つまり, 2つ目の条件は,

「或る $j = 1, 2, \ldots, n$ で $x \in A_j$ ならば $s(x) = \alpha_j$」かつ「どの j でも $x \notin A_j$ ならば $s(x) = 0$」である

と言い換えられる. 単関数は明らかに値域が有限集合であるため, 可測関数となる. ここで約束どおり, (14.3) と同値な条件を紹介する.

定理 14.20. $E \in \mathcal{M}$ で定義された実数値関数 $f(x)$ がルベーグ可測であるための必要十分条件は,

> 或る単関数の列 $\{s_N(x)\}_{N=1}^{\infty}$ と或る零集合 N によって,「$x \in E \setminus N$ ならば $\lim_{N \to \infty} s_N(x) = f(x)$」が成り立つ(これを $\lim_{N \to \infty} s_N(x) = f(x)$ a.e. と書き, 殆ど至る所で各点収束するという)

ことである.

　すなわち, 或る単関数列による殆ど至る所の各点収束極限関数であることと, 可測関数であることは同値なのだ.

　▶ **注 14.9**
  (1) 連続関数, 単調な関数, 有界変動関数はすべて可測である.
  (2) 注 14.8 の (5) から, 選択公理を認めれば非可測関数が存在することがわかる. 実際, 非可測集合による指示関数がそれである. もちろん, 13 章の主役であるハメル関数もそうだ. 一方, 決定性公理を用いると, すべての関数は可測となる(定理 13.7).

　極めて駆け足の解説となったが, いよいよルベーグ積分の定義にとりかかろう.

14.4.3　ルベーグ積分
　14.4.2 項で紹介した E 上の単関数 $s(x) = \sum_{j=1}^{n} \alpha_j \chi_{A_j}(x)$ は, さらに非負値(つまり, すべての $x \in E$ で $s(x) \geq 0$)であると仮定する. このとき, $s(x)$ のルベーグ積分を

$$\int_E s(x)dx = \sum_{j=1}^{n} \alpha_j \mu(A_j)$$

によって与える. ただし, $\mu(A_j) = +\infty$ かつ $\alpha_j = 0$ のときは, $\alpha_j \mu(A_j) = 0$ としよう. このとき, 上の積分値は非負の実数か $+\infty$ で確定する. $s(x)$ は "棒グラフ" みたいなものだから, 積分の定義はごく自然に思われる. また, 各 x で $s_1(x) \leq s_2(x)$ ならば, $\int_E s_1(x)dx \leq \int_E s_2(x)dx$ となることも直ぐにわかる.
　次に, E 上の非負値可測関数 $g(x)$ を考える. このとき $g(x)$ は, 或る単関数

列 $\{s_N(x)\}_{N=1}^{\infty}$ による殆ど至る所の各点収束極限関数となる（定理 14.20）．さらにこの列は単調に増加する（つまり，x を固定すると $\{s_N(x)\}_{N=1}^{\infty}$ は単調増加列となる）ようにできる．この列を利用し，$g(x)$ のルベーグ積分を

$$\int_E g(x)dx = \lim_{N \to \infty} \int_E s_N(x)dx$$

によって与える．数列 $\left\{\int_E s_N(x)dx\right\}_{N=1}^{\infty}$ は単調増加列であるので，定理 14.3 によって，（$+\infty$ も含め）積分値は確定する．ちなみに，近似単関数列 $\{s_N(x)\}_{N=1}^{\infty}$ のとり方は無数にあるが，どれであっても同じ極限値に至るので心配いらない．

いよいよ，E 上の実数値可測関数 $f(x)$ 全般について考えよう．まず，

$$f_+(x) = \begin{cases} f(x) & (f(x) \geq 0), \\ 0 & (f(x) < 0), \end{cases} \qquad f_-(x) = \begin{cases} 0 & (f(x) \geq 0), \\ -f(x) & (f(x) < 0) \end{cases}$$

と与えると，この 2 つは非負値可測関数となり，$f(x) = f_+(x) - f_-(x)$ を得る．ここで，

$$\int_E f_+(x)dx < \infty \quad かつ \quad \int_E f_-(x)dx < \infty$$

が成り立つとき，$f(x)$ はルベーグ積分可能であるといい，

$$\int_E f(x)dx = \int_E f_+(x)dx - \int_E f_-(x)dx$$

を $f(x)$ の**ルベーグ積分**と呼ぶ．以下，本節で現れる積分はルベーグ積分とする．

例 14.6.

(1) E が有界閉区間であるとき，E 上のリーマン積分可能な関数はすべてルベーグ積分可能であり，両者の積分値は一致する．したがって，高校や大学の教養課程で勉強してきた（広義でない）積分法については，これまでどおり使用できる（良かったね）．

(2) 逆に，ルベーグ積分可能だがリーマン積分できない関数は存在する．典型例はディラック関数 $d(x)$（3 章参照）であろう．まず，$d(x)$ は $\mathbb{Q} \cap [0,1]$ の指示関数であるので，特にルベーグ可測となる．また $\mathbb{Q} \cap [0,1]$ は零集合だから，指示関数の積分の定義より $\int_0^1 d(x)dx = 0$ を得る．

(3) E でルベーグ積分可能な 2 つの関数が，或る零集合上のみで異なるときは，積分値は一致する．

　ルベーグ積分は，リーマン積分できない関数の具体的な積分値を求めるために活躍するわけではない．専ら，解析学の抽象的な議論において多用される．非常に駆け足ではあるが，ルベーグ積分論における定理たちについて，本編で関係するものを中心にリストアップしよう．まず，$E \in \mathcal{M}$ とし，集合

$$L^1(E) = \{f \,;\, f(x) \text{ は } E \text{ 上でルベーグ積分可能}\}$$

を定めておく．

定理 14.21 (ルベーグの優収束定理)．$\{f_n\}_{n=1}^{\infty}$ を $L^1(E)$ の関数列とし, $n \to \infty$ のとき $f(x)$ に殆ど至る所で各点収束しているとする．もし或る（n に依らない）$F \in L^1(E)$ が

$$|f_n(x)| \leq F(x) \quad (\text{a.a. } x \in E, n = 1, 2, \ldots)$$

を満たすならば，$f \in L^1(E)$ であり，

$$\lim_{n \to \infty} \int_E f_n(x)dx = \int_E f(x)dx.$$

　上は，2 つの極限操作 $\lim$ と $\int$ の交換を保証する定理である．リーマン積分と比べて，関数列の条件設定が単純であり種々の理論展開に有効となる．例えば，この定理を応用することで，一定条件下で $\lim$ と $\frac{d}{dx}$ の交換も保証されることがわかる．

定理 14.22 (積分記号下の微分)．I を開区間とし，2 つの変数 $x \in E, \xi \in I$ による関数 $f(x, \xi)$ を考える．さらに，

- 各 ξ を固定するたび，f は変数 x の関数として E 上ルベーグ積分可能である．
- 各 x を固定するたび，f は変数 ξ の関数として I で微分可能である．
- 或る（ξ に依らない）$F \in L^1(E)$ が存在し，

$$\left|\frac{df(x,\xi)}{d\xi}\right| \le F(x) \quad (\xi \in I, \text{ a.a. } x \in E)$$

が成り立つ.

を満たすものとする. このとき, $\int_E f(x,\xi)dx$ は ξ について I で微分可能であり,

$$\frac{d}{d\xi}\int_E f(x,\xi)dx = \int_E \frac{df(x,\xi)}{d\xi}dx \quad (\xi \in I).$$

$f \in L^1(\mathbb{R})$ は連続であるとは限らないが, 積分記号下においては次のような性質をもつ:

定理 14.23 (平行移動の連続性). $f \in L^1(\mathbb{R})$ とするとき,

$$\lim_{x_0 \to 0}\int_{\mathbb{R}} |f(x) - f(x - x_0)|dx = 0.$$

$\mathbb{R}$ は連続の公理により完備性をもつ. 前述のとおり, 様々な関数空間においても完備性は是非とも欲しい性質である. とりわけ $L^1(E)$ のような空間では極めて所望するところだ. 以下はそれを保証する:

定理 14.24 (L^1 の完備性). $\{f_n\}_{n=1}^{\infty}$ を $L^1(E)$ のコーシー列とする. すなわち,

$$\lim_{n,m \to \infty}\int_E |f_n(x) - f_m(x)|dx = 0 \tag{14.4}$$

を満たすものとする. このとき, 或る $f \in L^1(E)$ が存在して

$$\lim_{n \to \infty}\int_E |f_n(x) - f(x)|dx = 0$$

となる.

上の性質は, (E を有界閉区間としても) リーマン積分では成り立たないときがある. この差こそ, ルベーグ積分論がリーマン積分論を優越している大きなポイントといえよう.

さて，$\mathbb{R}^2$ の場合でも，ルベーグ可測な部分集合が定義されることは少し述べた．もちろんこれには続きがあって，$\mathbb{R}^2$ 上の可測関数やルベーグ積分なども定義される．2 変数関数 $f(x,y)$ を累次積分する際,

$$\iint f(x,y)dxdy \quad と \quad \iint f(x,y)dydx$$

のように 2 通りの積分順序があるわけだが，これらが等しくなるような f の条件は以下のとおりである：

定理 14.25（フビニの定理（抄録））．$\mathbb{R}^2$ 上の可測関数 $f(x,y)$ が

$$\int_{-\infty}^{\infty}\int_{-\infty}^{\infty}|f(x,y)|dxdy < \infty \quad または \quad \int_{-\infty}^{\infty}\int_{-\infty}^{\infty}|f(x,y)|dydx < \infty$$

を満たすとき，

$$\int_{-\infty}^{\infty}\int_{-\infty}^{\infty}f(x,y)dxdy = \int_{-\infty}^{\infty}\int_{-\infty}^{\infty}f(x,y)dydx.$$

▶ **注 14.10**
 (1) 実は，$\int_{-\infty}^{\infty}\int_{-\infty}^{\infty}|f(x,y)|dxdy$ と $\int_{-\infty}^{\infty}\int_{-\infty}^{\infty}|f(x,y)|dydx$ は（$+\infty$ も含めて）一致する．
 (2) なぜ私は（抄録）と書いたのだろうか？ $\mathbb{R}^2$ の積分と累次積分は，元来異なることに注意しよう．

14.5 フーリエ解析

長い章立てとなり恐縮であるが，いよいよ最後の節となった．本編では「フーリエ級数」「フーリエ変換」という言葉がそこそこ登場している．ようやくであるが，ここで最低限の要約を試みる．

14.5.1 フーリエ級数

フーリエは 19 世紀初頭に，熱伝導方程式を導出し，さらにその解法の道具として

周期 2π の関数 $f(x)$ （つまり任意の x で $f(x+2\pi)=f(x)$ たるもの）は $\cos nx$ と $\sin nx$ $(n=0,1,2,\ldots)$ たちの線形結合

$$f(x) = \frac{a_0}{2} + a_1\cos x + b_1\sin x + a_2\cos 2x + b_2\sin 2x + \cdots, \quad (14.5)$$

$$a_n = \frac{1}{\pi}\int_{-\pi}^{\pi} f(t)\cos nt\, dt, \quad b_n = \frac{1}{\pi}\int_{-\pi}^{\pi} f(t)\sin nt\, dt$$

で書かれる

という "事実" を披露した．(14.5) の右辺を f の**フーリエ級数**と呼び，有限和で収まっているときは有限フーリエ級数という．また，これの複素版もあって，

$$f(x) = \sum_{n=-\infty}^{\infty} c_n e^{inx}, \quad (14.6)$$

$$c_n = \frac{1}{2\pi}\int_{-\pi}^{\pi} f(t)e^{-int}dt \quad (n=0,\pm 1,\pm 2,\ldots)$$

となる．ここで，$\sum_{n=-\infty}^{\infty}$ は，$\lim_{N\to\infty}\sum_{n=-N}^{N}$ のことである．ところで，"事実" は本当に事実なのだろうか？　残念ながら，フーリエ自身は完全な証明を与えなかったが，後年様々な肯定的解答が得られている．最も基本的なものは次である：

定理 14.26（ディリクレの定理）．周期 2π の区分的 C^1 級関数 $f(x)$ のフーリエ級数は，$(f(x-0)+f(x+0))/2$ に等しい．特に f が x で連続であるときは $f(x)$ に等しい．ただし，$f(x-0)$ と $f(x+0)$ はそれぞれ，左極限と右極限（3 章参照）であり，f が区分的 C^1 級であるとは，f は区間 $[-\pi,\pi]$ 内の或る有限個の点 $x_1,x_2,\ldots,x_n$ 以外では C^1 級であり，$x_1,x_2,\ldots,x_n$ においても左極限と右極限が存在するときをいう．

「区分的」を外すと，より強力な結論を述べることができる：

定理 14.27．周期 2π の連続関数 $f(x)$ のフーリエ級数は，$f(x)$ に一様収束する．すなわち，

$$\lim_{N\to\infty}\sup\left\{\left|\sum_{n=-N}^{N} c_n e^{inx} - f(x)\right|; 0\le x\le 2\pi\right\} = 0.$$

▶ **注 14.11**

(1) C^1 級どころか，"たったの" 連続であればよい．「複素版ストーン・ワイエルシュトラスの定理」を知っている人にとっては証明は一瞬となる．

(2) 8 章の Coffee Break で必要としていたのは，上の定理の 2 変数版である．具体的には，

周期 2π の C^1 級関数 $f(x,y)$ について

$$\lim_{N\to\infty} \sup\left\{ \left| \sum_{m=-N}^{N} \sum_{n=-N}^{N} c_{n,m} e^{i(nx+my)} - f(x,y) \right| ; 0 \le x, y \le 2\pi \right\} = 0,$$

$$c_{n,m} = \frac{1}{(2\pi)^2} \int_{-\pi}^{\pi} \int_{-\pi}^{\pi} f(t,s) e^{-i(nt+ms)} dt ds \quad (n, m \text{ は整数})\ .$$

が成り立つ．

f の条件を弱くしたときの場合として，次が有名である：

定理 14.28. 周期 2π の可測関数 $f(x)$ が，

$$\int_{-\pi}^{\pi} |f(x)|^2 dx < \infty$$

（この定理内の積分はルベーグ積分とする）を満たすとき，

$$\lim_{N\to\infty} \int_{-\pi}^{\pi} \left| \sum_{n=-N}^{N} c_n e^{inx} - f(x) \right|^2 dx = 0$$

が成り立つ．さらに，パーセバルの等式

$$\int_{-\pi}^{\pi} |f(x)|^2 dx = 2\pi \sum_{n=-\infty}^{\infty} |c_n|^2 = \frac{\pi}{2} |a_0|^2 + \pi \sum_{n=1}^{\infty} (|a_n|^2 + |b_n|^2)$$

を得る（ただし，a_n, b_n, c_n は (14.5), (14.6) で定めたものとする）．

▶ **注 14.12**　f の条件は相当緩い．例えば，至る所微分不可能なもの，$+\infty$ に発散する点が可算個あるもの，リーマン積分できないものでも，上記の条件を満たすものがある．

14.5.2 フーリエ変換

前項で触れたフーリエ級数の公式 (14.6) は，周期 2π の周期関数に適用されるものだが，周期を ∞，言い換えれば $\mathbb{R}$ 上で定義された一般の（とはいっても，幾つかの条件をクリアした）関数 $f(x)$ 向けに変化させると，

$$f(x) = \int_{-\infty}^{\infty} \left(\frac{1}{2\pi} \int_{-\infty}^{\infty} f(t)e^{-i\xi t}dt \right) e^{i\xi x}d\xi$$

を得る．そこで，

$$(\mathcal{F}f)(\xi) = \frac{1}{\sqrt{2\pi}} \int_{-\infty}^{\infty} f(t)e^{-i\xi t}dt, \quad (\mathcal{F}^{-1}f)(x) = \frac{1}{\sqrt{2\pi}} \int_{-\infty}^{\infty} f(\xi)e^{i\xi x}d\xi$$

とした場合，$f = \mathcal{F}^{-1}\mathcal{F}f = \mathcal{F}\mathcal{F}^{-1}f$ が成り立つ．すなわち，$\mathcal{F}$ と $\mathcal{F}^{-1}$ については，一方がもう一方の逆作用であることがわかる．それを踏まえて，$\mathcal{F}$ と $\mathcal{F}^{-1}$ をそれぞれ，フーリエ変換とフーリエ逆変換と呼ぶ．ルベーグ積分の場合，$f \in L^1(\mathbb{R})$ であれば $\mathcal{F}$ や $\mathcal{F}^{-1}$ を適用できる．

以下 $\phi(x)$ を，$\mathbb{R}$ 上で定義された C^∞ 級関数とし，さらに

任意の非負整数 n, m に対して或る正定数 $C_{n,m}$ が存在し，

$$\left| x^n \frac{d^m}{dx^m}\phi(x) \right| \le C_{n,m} \quad (x \in \mathbb{R})$$

を満たす

ものとしよう．このような ϕ を急減少関数といい，隆起関数はその典型的な例である．さて，本編においては，以下の性質をこっそり用いている：

($\mathcal{F}$-1) （反転公式）$\mathcal{F}\mathcal{F}^{-1}\phi = \phi$.

($\mathcal{F}$-2) （微分記号との交換）自然数 n に対して，$\dfrac{d^n}{d\xi^n}(\mathcal{F}\phi) = \mathcal{F}((-ix)^n\phi)$.

($\mathcal{F}$-3) （合成積との関係）$\psi(x)$ も急減少関数とするとき，

$$\mathcal{F}(\phi * \psi) = \sqrt{2\pi} \times \mathcal{F}\phi \times \mathcal{F}\psi.$$

▶ **注 14.13**

(1) 性質 ($\mathcal{F}$-2) を大雑把にいえば，$\mathcal{F}f$ の滑らかさは，f の減衰レートと等価である，ということだ．5 章の Coffee Break で登場した関数 $h(x)$ と $u(x)$，12 章における $\hat{H}(x)$ と $\hat{\varphi}_\rho(x)$ は，この性質に基づいて考案した．

(2) 6 章の Coffee Break にて，関数 $f(x), g(x)$ のうち $f, g \neq 0$ だが $f * g = 0$ となる例を創ったが，これらは性質 ($\mathcal{F}$-1) と ($\mathcal{F}$-3) に基づいている．

文献紹介と，あとがきに代えて

1 章：高木関数は，1903 年に [58] で初めて報告された．この論文では，$T(x)$ を二進法展開を用いて構成しており，件のグラフになることは想像しにくいだろう．$T(x)$ の種々の性質は [1,38] 等のサーベイ論文にまとめられている．一方，ワイエルシュトラスの病理学的関数は [62] にて発表された．本編でも述べたとおり証明は難しいのだが，[13,36] が助けとなるだろう．$W_{a,b}(x)$ が至る所微分不可能となるような a,b の条件を限界まで緩めたのが，ハーディ [26] である．

2 章：悪魔の階段 $c(x)$ は，1884 年にカントール [5] によって報告された．定義は本書と同じであるが，グラフが描かれているわけではない．[12,35] 等に $c(x)$ の詳しい解説がある．集合の濃度については，例えば [44] を参照されたい．

3 章：[35] は有界変動関数を勉強するうえで強くお薦めしたい．さて，絶対連続関数は殆ど至る所で微分可能であり，導関数を積分すると元に戻るのであった．それに関する印象深い一文を引用しておこう：

> （文献 [35] の 6 章 §4）解析学の基本的操作（ここで言っているのは導函数から函数を復元すること）が可能なためには，函数の範囲を十分狭く（絶対連続函数に）制限して，古典的な定義の枠内に止まるか，あるいは反対に，函数の概念を本質的に拡張する（と同時に導函数の定義も拡張する）かのどちらかが必要なのである．

後者の，すなわち，概念を拡張したものとして最も著名なものが「超関数論」である．残念ながら，本書では全く扱うことができなかったが，この拡張された関数の世界ではさらにヘンテコなものたちに会うことができる．

5章：関数 $g(x)$ は 1822 年に，コーシーによる [7] で考察された．ジュヴレイ空間は [22] にて，或る偏微分方程式の解の性質を調べるために導入された．ジュヴレイ空間は最先端の解析学で現役として活躍中である．原点付近で $\exp(|x|^{-\alpha})$ のような挙動をとる関数については，[50] を参考にした．

6章：隆起関数が実解析的でないこと，合成積の基本性質などは，「実解析（解析学の一分野）」の基礎事項とはいえ，しっかり証明するためには何らかの専門書をしっかり読み込むべきである．もちろん和書でも構わないが，ここでは敢えて洋書 [15] をお薦めしたい．これは前述の超関数論も網羅しており，この 1 冊で実解析のスキルをかなり身につけることができる．

8章：無理数がもたらす不思議な性質の黒幕は，フーリエ級数だったという話．ワイルの一様分布定理は，1916 年に [64] にて発表された．本書では，[33,34] における解説を参考にした．クロネッカー数列については，[39,56] 等でさらに詳しく語られている．

9章：ランベルトの W 関数は，様々な分野で重要とされており，有用な解説文も多数ある．ここでは，[10] を挙げておこう．指数タワー $z^{z^{z^{z}}}$ の収束については，[3, 19, 43] を参考にした．

10章：階乗とガンマ関数に関する解説本は山のようにあるが，スターリングの公式の説明がきめ細やかという点で，複素解析の教科書 [16] を紹介したい．なぜ複素解析？と思うかもしれないが，いまやガンマ関数は正則関数に拡張されていることを思い出そう．ガンマ関数は 1729 年にオイラーによって導入されたが，そこから始まる歴史については，[11] にまとめられている．

11章：本編で紹介していない部分を記す．1971 年のグラハムとロスチャイルドによる論文は [23] である．ここに載った巨大数を「小グラハム数」と呼ぶ場合があるが，とんでもなく大きいことには変わりはない．クヌースの矢印表記法は [37] で発表された．このクヌース先生は，組版処理システム TEX を開発したことで有名である．TEX は数式表示に強く，いまや TEX の世話になっていない数学関係者は皆無といえる．そういうわけで，数学の専門家であればク

ヌースという御名前を知っているはずだが，TEX ではなく矢印表記法を切っ掛けにクヌース先生を紹介できたのは光栄である．

12 章：ゲルファント・シロフ空間は [21] によって披露された．本章の執筆にあたっては，論文 [9, 24, 32, 48] も参考にした．ジュヴレイ空間と同様，この空間も種々の微分方程式を考察するために活躍している（例えば，[2, 40–42, 51, 52] など）．

13 章：コーシーの関数方程式 $\phi(x+y) = \phi(x) + \phi(y)$ は，解析教程 [6] の第 5 章で取り上げられており，ϕ が連続ならば線形解となることも示されている．選択公理と超限帰納法については，例えば [44, 45, 61] に詳細が記されている．ハメル関数は 1905 年に [25] で報告された．ハメル基底・関数については，例えば [17, 18] の解説が読みやすい．Coffee Break で紹介した，決定性公理は [46] で提唱された．「決定性公理の下では関数は皆ルベーグ可測になること」と「ルベーグ可測な解 ϕ は線形になること」は，それぞれ [47] と [4, 55] で示された．

14 章：実数の定義，ε-δ 論法，連続関数の基本的性質の勉強には，多くの優れたテキストがあるが，私自身は [28, 57, 59] を愛用した．ちなみに，[59] の著者は高木関数の生みの親である高木貞治先生である．複素関数論については，[60] をお薦めしたい．ルベーグ積分論・測度論の教科書も多数あるが，[29] は是非ともじっくり読んでいただきたい．もし，急ぎでルベーグ積分を把握したい場合は [30] がお薦めである．フーリエ解析は，応用する方向によって学ぶべき事柄が変わってくる．本編では，フーリエ級数の一様収束性とフーリエ変換の基本的性質について触れたが，それぞれ [27, 49] と [15, 29] が参考になるだろう．

追記：ヘンテコ関数は，数学史のターニングポイントを演じることがある，と冒頭に述べた．そこで数学史の読み物を紹介しておこう．ニュートン・ライプニッツ以降の解析学史を列伝体で記した [13] は是非ご一読いただきたい．解析学のみならず，古代から現代に至る数学史を語った [54] も非常に読みやすく，強くお薦めしたい．

＊　　　　＊　　　　＊

　本書の執筆依頼に関するメイルが届いたのは，2018年の暮れで，丁度長女が歩き始める直前であった．元々，ホームページに「関数たち」という雑文をひっそり載せていたのだが，共立出版の髙橋さんがそれを発見し，本として膨らますことを提案してくださったのだ．誠にありがたい話である．「関数たち」に在る文章は，数学的に正しいことこそ確認済みだったが，読み物としてのレベルには達していなかった．そういうわけで殆ど再構築することになり，原稿の仕上がりに時間が掛かってしまった．気づけば2021年の春となり，長女は歌いながら走り回り，次女も歩き始めた．そんな2人にも読んでもらえる日が来たらよいなと想いつつ筆を置くことにする．

参考文献

[1] P.C. Allaart and K. Kawamura, The Takagi function: A survey, Real Anal. Exchange 37 (2011) 1–54.

[2] A. Ascanelli and M. Cappiello, Schrödinger-type equations in Gelfand-Shilov spaces, J. Math. Pures Appl. 132 (2019) 207–250.

[3] I.N. Baker and P.J. Rippon, Convergence of infinite exponentials, Ann. Acad. Sci. Fenn. Math. 8 (1983) 179–186.

[4] H. Blumberg, On convex functions, Trans. Amer. Math. Soc. 20 (1919) 40–44.

[5] G. Cantor, De la puissance des ensembles parfaits de points: Extrait d'une lettre adressée à l'éditeur, Acta Math. 4 (1884) 381–392.

[6] A.L. Cauchy, *Cours d'Analyse de l'École Royale Polytechnique*, de l'Imprimerie Royale; chez Debure frères, Libraires du Roi et de la Bibliothèque du Roi (1821).

[7] A.L. Cauchy, Sur le développement des fonctions en séries et sur l'intégration des équations différentielles ou aux différences partielles, Bull. Soc. Philom. (1822) 49–54.

[8] J.H. コンウェイ・R.K. ガイ 著，根上生也 訳『数の本』シュプリンガー・ジャパン (2001)，丸善出版 (2012)：原題 "The Book of Numbers" (1996).

[9] J. Chung, S-Y. Chung and D. Kim, Characterizations of the Gelfand-Shilov spaces via Fourier transforms, Proc. Amer. Math. Soc. 124 (1996) 2101–2108.

[10] R. Corless, G. Gonnet, D. Hare, D. Jeffrey and D. Knuth, On the Lambert W function, Adv. Comput. Math. 5 (1996) 329–359.

[11] P.J. Davis, Leonhard Euler's integral: a historical profile of the gamma function, Amer. Math. Monthly 66 (1959) 849–869.

[12] O. Dovgoshey, O. Martio, V. Ryazanov and M. Vuorinen, The Cantor func-

tion, Expo. Math. 24 (2006) 1–37.

[13] ウイリアム・ダンハム 著，一樂重雄・實川敏明 訳『微積分名作ギャラリー ニュートンからルベーグまで』日本評論社 (2009).

[14] フィッシュ『巨大数論 第 2 版』インプレス R&D (2017).

[15] G.B. Folland, *Real Analysis: Modern Techniques and Their Applications* 2nd. edition, Wiley (1999).

[16] E. Freitag and R. Busam, *Complex Analysis*, Springer-Verlag, Berlin-Heidelberg (2005).

[17] 渕野　昌, 加法的関数の連続性について, 中部大学工学部紀要 37 (2001) 55–64.

[18] 渕野　昌, 公理的集合論, 数学 65 (2013) 411–412.

[19] I.N. Galidakis, On an application of Lambert's W function to infinite exponentials, Complex Var. 49 (2004) 759–780.

[20] M. Gardner, *Mathematical Games*, Scientific American 237 (1977) 18–28.

[21] I.M. Gel'fand and G.E. Shilov, *Generalized Functions* [in Russian], Vol.2, *Functions and Generalized Function Spaces*, Fizmatgiz, Moscow (1958): English transl., Acad. Press, New York (1968).

[22] M. Gevrey, Sur la nature analytique des solutions des équations aux dérivées partielles. Premier mémoire, Ann. Sci. Éc. Norm. Supér. 35 (1918) 129–190.

[23] R.L. Graham and B.L. Rothschild, Ramsey's theorem for n–parameter sets, Trans. Amer. Math. Soc. 159 (1971) 257–292.

[24] K. Gröchenig and G. Zimmermann, Spaces of test functions via the STFT, J. Funct. Spaces Appl. 2 (2004) 25–53.

[25] G. Hamel, Eine basis aller zahlen und die unstetigen lösungen der funktionalgleichung: $f(x+y) = f(x) + f(y)$, Math. Ann. 60 (1905) 459–462.

[26] G.H. Hardy, Weierstrass's nondifferentiable function, Trans. Amer. Math. Soc. 17 (1916) 301–325.

[27] 日合文雄・柳　研二郎『ヒルベルト空間と線型作用素』牧野書店 (1995).

[28] 井上純治・勝股　脩・林　実樹廣『級数』共立出版 (1998).

[29] 伊藤清三『ルベーグ積分入門（新装版）』裳華房 (2017).

[30] 垣田高夫『ルベーグ積分しょーと・こーす』日本評論社 (1995).

[31] 垣田高夫『シュワルツ超関数入門（新装版）』日本評論社 (1999).

[32] A.I. Kashpirovskii, Equality of the spaces S_α^β and $S_\alpha \cap S^\beta$, Funct. Anal. Appl. 14 (1980) 129.

[33] T.W. ケルナー 著，高橋陽一郎 訳『フーリエ解析大全（上）』朝倉書店 (1996).

[34] T.W. ケルナー 著，高橋陽一郎・厚地　淳・原　啓介 訳『フーリエ解析大全 演習編（上）』朝倉書店 (2003).

[35] A.N. コルモゴロフ・S.V. フォミーン 著，山崎三郎・柴岡泰光 訳『函数解析の基礎（下）原書第 4 版』岩波書店 (2002).

[36] 小柴洋一，Weierstrass 論文「至る所微分不可能である連続関数の例」について，数理解析研究所講究録 1195 (2001), 62–66.

[37] D.E. Knuth, Mathematics and computer science: coping with finiteness, Science 194 (1976) 1235–1242.

[38] J.C. Lagarias, The Takagi function and its properties, RIMS Kokyuroku Bessatsu B34 (2012) 153–189.

[39] G. Larcher, On the Distribution of an Analog to Classical Kronecker-Sequences, J. Number Theory 52 (1995) 198–215.

[40] N. Lerner, Y. Morimoto, K. Pravda-Starov and C.-J. Xu, Gelfand-Shilov and Gevrey smoothing effect for the spatially inhomogeneous non-cutoff Kac equation, J. Funct. Anal. 269 (2015) 459–535.

[41] H.-G. Li, The Gelfand-Shilov smoothing effect for the radially symmetric homogeneous Landau equation with Shubin initial datum, C. R. Acad. Sci. Paris, Ser. I 356 (2018) 613–625.

[42] H.-G. Li and J. Liu, Gelfand-Shilov and Gevrey smoothing effect of the Cauchy problem for Fokker-Planck equation, J. Math. Anal. Appl. 477 (2019) 222–249.

[43] A.J. Macintyre, Convergence of $i^{i^{i^{\cdots}}}$, Proc. Amer. Math. Soc. 17 (1966) 67.

[44] 松坂和夫『集合・位相入門』岩波書店 (1968).

[45] 溝上武實『写像・選択公理論—有限から無限の世界へ』横浜図書 (2006).

[46] J. Mycielski and H. Steinhaus, A mathematical axiom contradicting the axiom of choice, Bull. Acad. Polon. Sci. Séries Math. Astr. Phys. 10 (1962) 1–3.

[47] J. Mycielski and S. Świerczkowski, On the Lebesgue measurability and the axiom of determinateness, Fund. Math. 54 (1964) 67–71.

[48] F. Nicola and L. Rodino, *Global Pseudo-differential Calculus on Euclidean Spaces*, Birkhäuser (2010).

[49] 小澤　徹「コンパクト集合上の連続函数の成す空間の稠密部分集合」http://www.ozawa.phys.waseda.ac.jp/

[50] J.P. Ramis, Dévissage Gevrey, Astérisque 59–60 (1978) 173–204.

[51] H. Sasaki, Small analytic solutions to the Hartree equation, J. Funct. Anal. 270 (2016) 1064–1090.

[52] H. Sasaki, The scattering problem for the three-dimensional cubic nonlinear Klein-Gordon equation with rapidly decreasing input data, J. Differential Equations 268 (2020) 7774–7802.

[53] 仙田章雄『数とグラフの雑学事典―おもしろくてためになる』日本実業出版社 (1993).

[54] 志賀浩二『数学の流れ 30 講（上・中・下）』朝倉書店 (2007・2007・2009).

[55] W. Sierpínski, Sur les fonctions convexes mesurables, Fund. Math. 1 (1920) 125–129.

[56] O. Strauch and S. Porubsky, *Distribution of Sequences: A Sampler*, Peter Lang (2005)

[57] 杉浦光夫『解析入門 I』東京大学出版会 (1980).

[58] T. Takagi, A simple example of a continuous function without derivative（誘導函數ヲ有セザル連續函數ノ簡單ナル例）, Proc. Phys. Math. Japan 1 (1903), 176–177.

[59] 高木貞治『定本 解析概論』岩波書店 (2010).

[60] 田村二郎『解析関数（新版）』裳華房 (1983).

[61] 田中尚夫『選択公理と数学―発生と論争，そして確立への道（増訂版）』遊星社 (2005).

[62] K. Weierstrass, Über continuirliche functionen eines reelen Arguments, die für keinen werth des letzteren einen bestimmten differentialquotienten besitzen (1872), Weierstrass Math. Werke II, 71–74.

[63] デイヴィッド・ウェルズ 著，芦ケ原伸之・滝沢 清 訳『数の事典』東京図書 (1987).

[64] H. Weyl, Über die Gleichverteilung von Zahlen mod. Eins, Math. Ann. 77 (1916) 313–352.

索 引

MEMO

MEMO

MEMO

MEMO

著者紹介

佐々木　浩宣（ささき　ひろのぶ）

2007 年　北海道大学大学院理学研究科 数学専攻 修了
　　　　　博士（理学）
現　在　千葉大学大学院理学研究院 数学・情報数理学研究部門 准教授
専　門　非線型偏微分方程式

ヘンテコ関数雑記帳 ― 解析学へ誘う隠れた名優たち ― *Miscellaneous Note of Strange Functions* 2021 年 6 月 10 日　初版 1 刷発行 2021 年 8 月　1 日　初版 2 刷発行	著　者　佐々木浩宣 ⓒ 2021 発行者　南條光章 発行所　**共立出版株式会社** 〒 112–0006 東京都文京区小日向 4 丁目 6 番 19 号 電話 03–3947–2511（代表） 振替口座 00110–2–57035 www.kyoritsu-pub.co.jp 印　刷　藤原印刷 製　本
検印廃止 NDC 413.51, 413.1 ISBN 978–4–320–11446–3	一般社団法人 　　　　　自然科学書協会 　　　　　会員 Printed in Japan